Gagner en productivité avec Solidworks.
Rick W.Oliver
© 2024 Éditions ORYACI.
Sherbroooke (Quebec) CANADA.

TOUS DROITS RESERVÉS

Toute reproduction du présent ouvrage, en totalité ou en partie, par tous les moyens présentement connus ou à être découverts, est interdite sans l'autorisation préalable de Éditions ORYACI.
Toute utilisation non expressément autorisée constitue une contrefaçon pouvant donner lieu à une poursuite en justice contre l'individu ou l'établissement qui effectue la reproduction non autorisée.

ISBN : 9798327168633

Dépôt légal: Juillet 2024
Bibliothèque et Archives nationales du Québec

GAGNER EN PRODUCTIVITÉ AVEC SOLIDWORKS

Rick W. Oliver
Éditions ORYACI

A PROPOS DE L'AUTEUR

Après 25 années passées en tant que concepteur mécanique, j'ai fait de Solidworks mon outil de prédilection pour donner vie à mes créations. Dès mes débuts dans le domaine, j'ai rapidement compris le potentiel immense de cet outil pour matérialiser mes idées avec précision et efficacité.

Au fil des années, j'ai perfectionné mon expertise dans l'utilisation de Solidworks, explorant ses moindres recoins et découvrant des astuces qui ont changé ma manière de travailler. En tant que professionnel chevronné, j'ai été confronté à une multitude de défis complexes, mais c'est précisément ces défis qui m'ont poussé à trouver des solutions innovantes pour optimiser mon flux de travail.

Dans cet ouvrage, je vous fais part de mon expertise en vous dévoilant des fonctionnalités et des outils parfois peu connus, ainsi que leur utilisation adéquate. Que vous soyez un débutant désireux d'apprendre les bases ou un expert en quête de conseils avancés, cet ouvrage vous offre un guide pour exploiter le potentiel de Solidworks.

Grâce à des années d'expérience et à des conseils pratiques, vous découvrirez comment devenir plus performant dans la gestion du dessin technique et comment atteindre un niveau supérieur d'efficacité dans votre travail de conception mécanique.

Rick

Juillet 2024
Quebec, Canada

SOMMAIRE

PARTIE 1. CONFIGURER SON ESPACE — **8**
Chapitre 1 Les paramètres — 9
Chapitre 2 Espace de travail pour les pièces — 13
Chapitre 3 Espace de travail pour les assemblages — 15
Chapitre 4 Espace de travail pour les mises en plan — 16
Chapitre 5 Clavier et souris — 19

PARTIE 2. CRÉER SES FICHIERS DE BASE — **23**
Chapitre 6 Fichier de pièces — 24
Chapitre 7 Fichier d'assemblage — 34
Chapitre 8 Fichier de mise en plan — 35

PARTIE 3. LES PROPRIÉTÉS — **44**
Chapitre 9 Créer les propriétés — 45
Chapitre 10 Optimisation de la gestion des propriétés — 47
Chapitre 11 Ajouter les quantités sur les plans de pièces — 71

PARTIE 4. LES MÉCANO-SOUDÉS — **76**
Chapitre 12 Les profilés — 78
Chapitre 13 Les propriétés — 86
Chapitre 14 La liste de pièce soudée — 96

PARTIE 5. LA BIBLIOTHÈQUE — **98**
Chapitre 15 La boulonnerie — 99

PARTIE 6. BON À SAVOIR — **123**

PARTIE 1

CONFIGURER SON ESPACE

CHAPITRE 1
LES PARAMÈTRES

Pour commencer :

La première étape pour être efficace est de réorganiser son espace à l'écran comme on rangerait son bureau.

L'environnement proposé par SolidWorks à l'installation est une bonne base, mais c'est à vous de le compléter.

Pour la suite, je vais passer sur certains points importants de configuration. Je vais vous présenter comment accéder aux différents paramètres de configuration. Le but est de paramétrer le mieux possible son environnement au départ pour pouvoir travailler de façon optimale.

Petit rappel: Pour accéder aux paramètres de vos fichiers pièces, assemblage ou mise en plan, vous devez allez dans l'onglet **"paramètre"** puis **"option"**.

  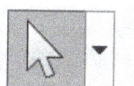

Vous aurez accès à tous les réglages possibles de vos fichiers.

Option du système:
Ce sont les paramètres commun pour tous vos fichiers.

Propriétés du document:
Ce sont les paramètres propres à chaque fichier.

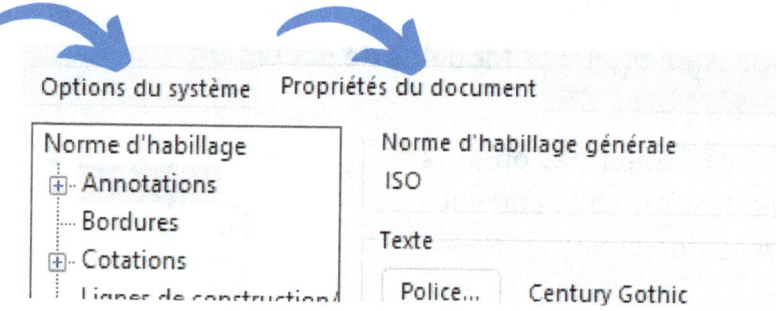

Prenez un peu de temps pour regarder les dossiers. Certains concernent des réglages pour les pièces ou les assemblages, d'autres juste pour les mises en plan. À première vue, il y a beaucoup de dossiers et cela parait compliqué, mais si vous les prenez un par un, vous verrez que ce sont des menus assez simples à paramétrer et vous trouverez des réglages que vous ne pensiez peut-être même pas possible de faire.

Ci-dessous, je vous détaille les plus importants.

OPTION DU SYSTEME

- Emplacement des fichiers

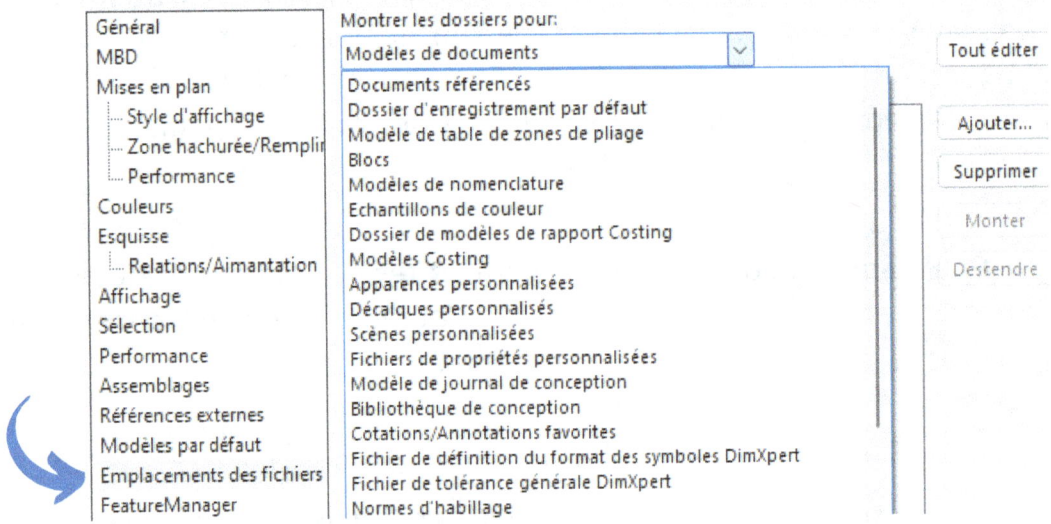

C'est une zone de paramétrage très importante.

Vous pouvez, à cet endroit, changer ou rajouter des chemins d'accès aux bases de données, comme les matériaux, les modèles de nomenclatures, la bibliothèque de conception, les fichiers des profiles mécano-soudés, etc.
Le but est de donner l'emplacement des dossiers et des fichiers pour éviter de naviguer avec l'explorateur.

Dans les indispensables, il y a **"Modèles de document"**.

Vous pourrez ainsi ajouter des onglets dans la fenêtre qui s'ouvre quand vous faites un nouveau document.

Vous pouvez aussi par exemple, ajouter des chemins pour la bibliothèque de conception. Les dossiers apparaitront à droite de votre écran.

Vous pourrez ainsi faire glisser avec un simple clic des pièces ou des notes dans vos fichiers.

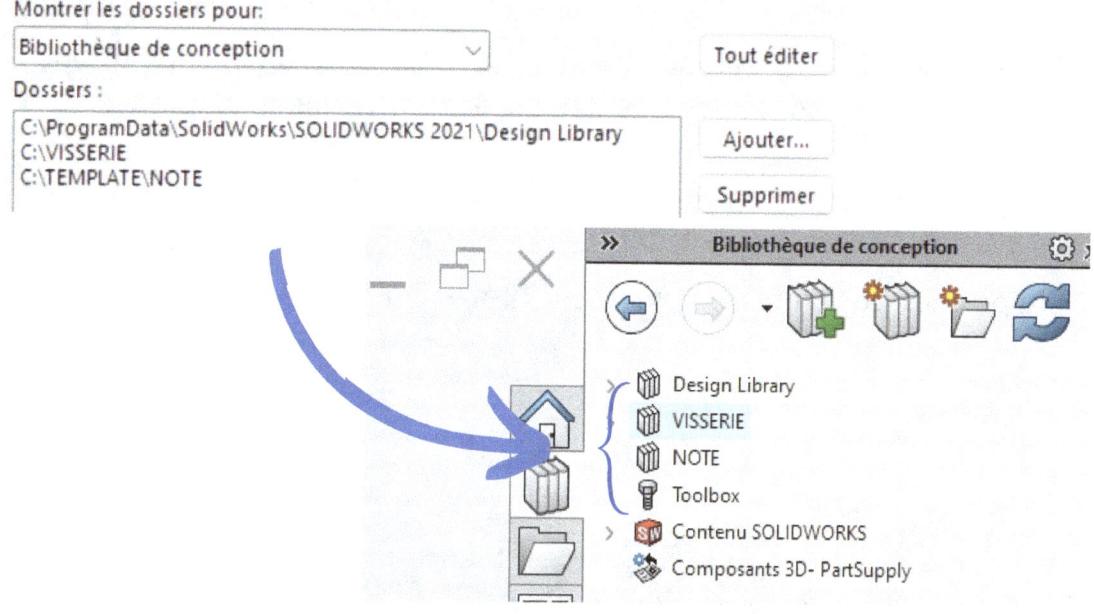

PROPRIÉTÉS DU DOCUMENT

- Annotations / Cotations / Tables /Vues

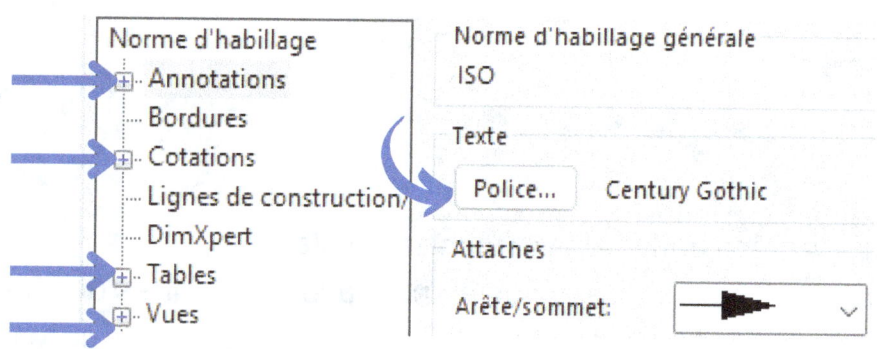

Pour paramétrer la police et la taille de toutes les notes.

C'est important de vérifier que les polices et les tailles sont cohérentes dans les différent notes. Cela donne un meilleur rendu à vos plans sans faire de retouche manuellement sur chaque plan. Un conseil, uniformiser.

- Cotations

Dans les sous-répertoires de cotation, pour paramétrer les positions, les orientations, les tolérances des cotes de vos mises en plans.

- Habillage

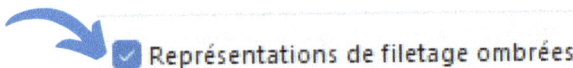

Cela permet de voir si une pièce est filetée ou non.

- Unités

Type	Unité	Décimales	Fractions	Autres
Unités de base				
Longueur	millimètres	.12		...
Longueur de la double cotation	pouces	.12		...
Angle	degrés	.12		

Pour configurer les unités de votre mise en plan.
Vous pouvez créer ainsi des mises en plan avec des unités différentes. Cela vous évite de changer les unités ou les précisions des cotes manuellement sur chaque plan.
Vous pouvez par exemple avoir des millimètres pour fabriquer des pièces et des mètres pour votre assemblage. Vous ferez 2 mises en plans paramétrées différemment.

CHAPITRE 2
ESPACE DE TRAVAIL POUR LES PIÈCES

Dans ce chapitre, je vous indique les onglets que vous devez avoir dans votre environnement et je vous détaille quelques fonctions très utiles à connaitre.

ONGLETS À UTILISER

| Esquisse | Fonctions | Surfaces | Tôlerie | Constructions soudées | Evaluer |

Pour information : Pour afficher ou cacher ces onglets, faites un clic droit dessus pour faire afficher le menu de gestion des onglets.

DANS L'ONGLET ESQUISSE

Totalement contraindre l'esquisse

Cette fonction permet de rajouter des cotes en automatique sur une esquisse avec le choix de l'origine des cotes. C'est pratique si vous récupérez une esquisse compliquée sans cotes et que vous voulez la figer pour éviter de la modifier par accident.

Afficher/Supprimer les relations

Cette fonction permet d'afficher toutes les relations ou contraintes dans une esquisse. Extrêmement pratique quand des relations sont perdues ou bancales dans votre esquisse.

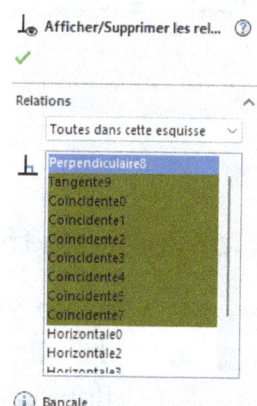

Les relations bancales sont visibles dans l'esquisse, mais il faut les chercher une à une. Avec cette fonction, cela permet d'afficher directement toutes les relations problématiques et de les supprimer en 1 clic.

Entités de silhouette

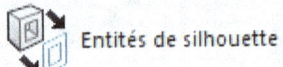 Cette fonction permet de récupérer les lignes de contour d'une pièce pour créer une esquisse.

C'est le même principe que de convertir les entités. Mais en plus, cette fonction permet de récupérer les lignes intérieures du contour de la pièce.

DANS L'ONGLET FONCTION

Déplacer/copier les corps - supprimer/conserver les corps - Déplacer la face

   Ces fonctions permettent d'agir sur les corps et les faces d'une pièce.

Bien utilisé, cela permet d'avoir une construction plus simple d'une pièce.

Référence de contrainte

 Cette fonction permet de paramétrer des contraintes qui vont se créer automatiquement. On l'utilise généralement pour des pièces de bibliothèque pour qu'elles se placent automatiquement dans l'assemblage.

Mais c'est tellement pratique que vous pouvez l'utiliser pour des pièces que vous créez dans vos conceptions.

DANS L'ONGLET TOLERIE

Convertir en tôlerie

 Cette fonction permet de transformer un corps volumique en corps de tôlerie. Utile si vous avez fait une pièce en extrusion et que finalement vous voulez avoir une pièce pliée.

CHAPITRE 3
ESPACE DE TRAVAIL POUR LES ASSEMBLAGES

Dans ce chapitre, je vous indique les onglets que vous devez avoir dans votre environnement et je vous détaille quelques fonctions très utiles à connaitre.

ONGLETS À UTILISER

Assemblage | Esquisse | Evaluer

DANS L'ONGLET ASSEMBLAGE

Remplacer les composants

Cette fonction permet de remplacer une pièce par une autre ou par un assemblage.

Créer un composant intelligent

Cette fonction permet de créer des pièces dites "intelligentes". C'est-à-dire que la pièce, quand elle est placée dans un assemblage, peut appliquer des fonctions aux pièces qui l'entourent comme des perçages, des enlèvements de matière...

Cela permet aussi que la pièce puisse amener avec elle dans l'assemblage d'autres pièces comme de la boulonnerie. Il y a un peu de travail à faire pour paramétrer la pièce, mais le gain de temps peut être important si la pièce est utilisée souvent.

CHAPITRE 4
ESPACE DE TRAVAIL POUR LES MISES EN PLAN

Dans ce chapitre, je vous indique les onglets que vous devez avoir dans votre environnement et je vous détaille quelques fonctions très utiles à connaitre.

ONGLETS À UTILISER

| Mise en plan | Annotation | Esquisse | Format de ligne |

DANS L'ONGLET MISE EN PLAN

Vue du modèle - Vue relative

Vue du modèle   Vue relative

Les 2 fonctions permettent d'insérer des vues dans la mise en plan.
La «vue relative» permet en plus d'insérer des vues de pièces ou juste de corps orientées directement comme vous le souhaitez.

DANS L'ONGLET ANNOTATION

Note

Cette fonction sert à insérer des notes. Il faut configurer des styles de notes pour se créer des notes automatiques. C'est extrêmement pratique.

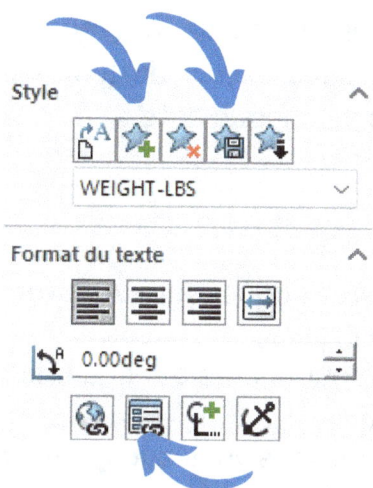

L'onglet Style permet d'enregistrer des notes configurées. Dans le format de texte, vous pouvez lier une valeur de propriété à une note. Vous récupérez ainsi toutes les informations pièces ou assemblages sous forme de note.

Pour créer un style, vous devez d'abord cliquer sur **"Ajouter ou mettre à jour un style"** puis sur **"enregistrer un style"**

Pour utiliser vos notes automatique, enregistrez-les dans un dossier **"NOTE "** par exemple, que vous ajouterez à la **"Bibliothèque de conception"**.

2 options pour ajouter le dossier à la bibliothèque de conception:
-Soit en allant dans les paramètres et en choisissant le chemin dans les emplacements de fichiers.
-Soit en cliquant en haut à droite sur " **Ajouter un emplacement de fichier"**

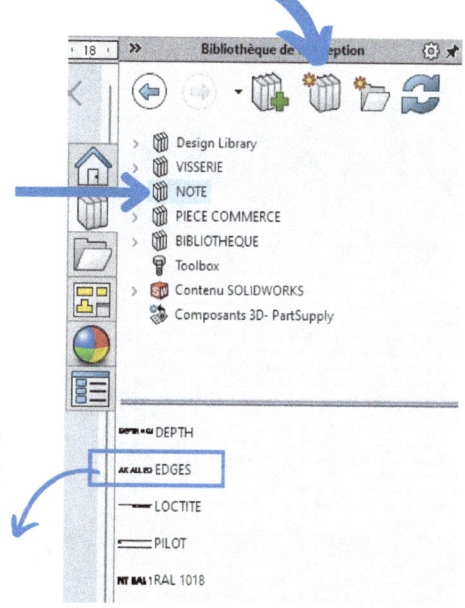

Pour l'insérer dans une mise en plan, faites un clic gauche sur la note et faites la glisser dans la mise en plan en maintenant appuyer.

Cotation intelligente

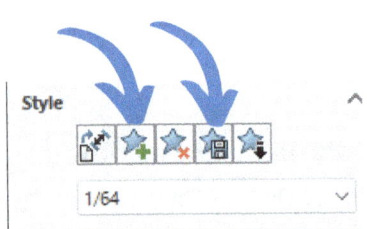
Cette fonction sert à insérer des cotes. Il faut configurer des styles de cotes.

Les « **Styles** » permettent d'avoir des cotes paramétrées avec des unités différentes, des tolérances différentes, etc.

On peut ainsi avoir facilement plusieurs types de cotes sur le même plan sans passer du temps à changer les paramètres de chaque cote.

Comme pour les notes, pour créer un style, vous devrez cliquer sur « **Ajouter ou mettre à jour un style** » puis sur « **Enregistrer un style ».**
Pour changer un style de cote sur votre plan, cliquez sur la cote et cliquer sur le style , par exemple **"1/64"** , et votre cote va passer en fraction au 1/64.
Quand vous avez créé plusieurs styles de cotes et que vous voulez les utiliser souvent, enregistrer votre mise en plan en **"modèle de mise en plan"** , pour que de base votre mise en plan contienne déjà vos styles.
Sinon, il faut les charger à chaque fois avec le bouton **" charger un style".**

CHAPITRE 5
CLAVIER ET SOURIS

Vous pouvez configurer des raccourcis clavier et les mouvements de la souris. Faire un clic droit dans la barre d'outils ou dans la barre d'onglet
Puis cliquer sur **« personnaliser »**.

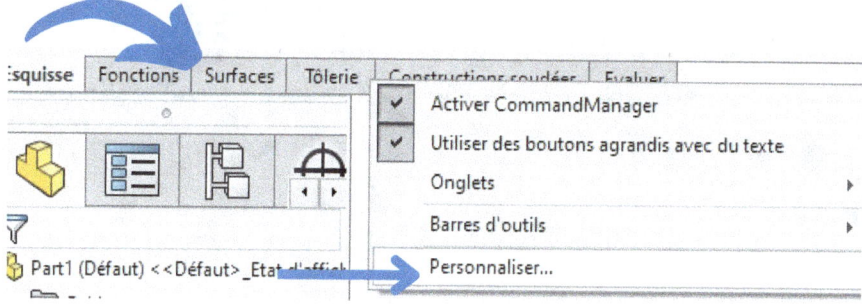

Pour les raccourcis clavier, c'est ici que vous pourrez les configurer :
À vous de les programmer suivant vos habitudes. Je ne vous conseillerais pas là-dessus, c'est propre à chacun.

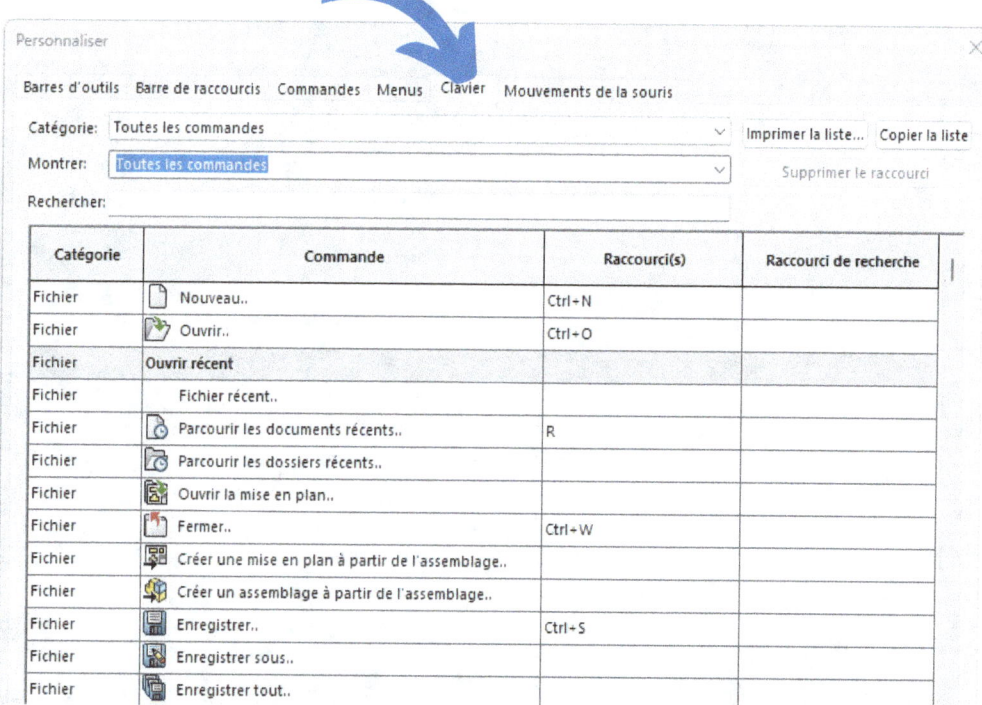

Pour les mouvements de souris, je vous conseille au moins de configurer la fonction **«supprimer»**, que ça soit sur 2 ou 4 mouvements.

Programmer sur les 4 ronds à la même position. Pour le placer, chercher **«EFFACER »**, faire un clic gauche et le faire glisser dans les roues.

Ainsi, vous pourrez supprimer juste en faisant simultanément un clic droit et un glisser à droite.

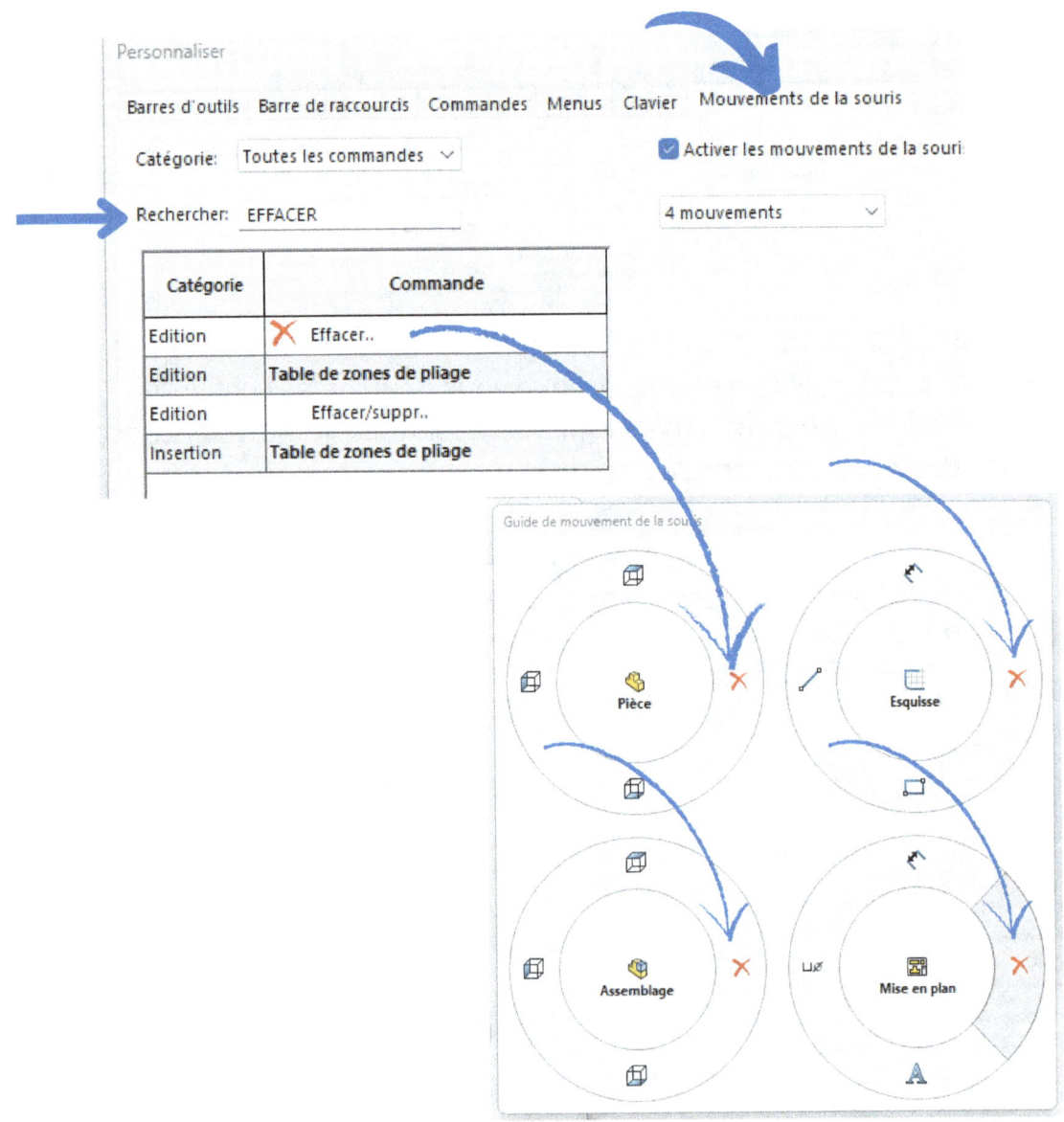

TRÈS IMPORTANT

Une fois votre configuration terminée, il faut l'enregistrer.
Cliquez sur **"paramètre"**

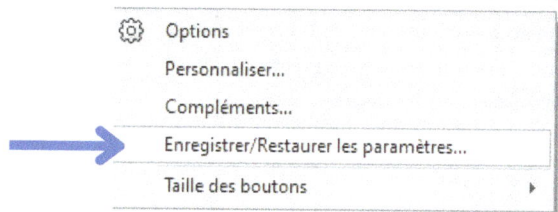

Cliquez sur **"Enregistrer/Restaurer les paramètres"**

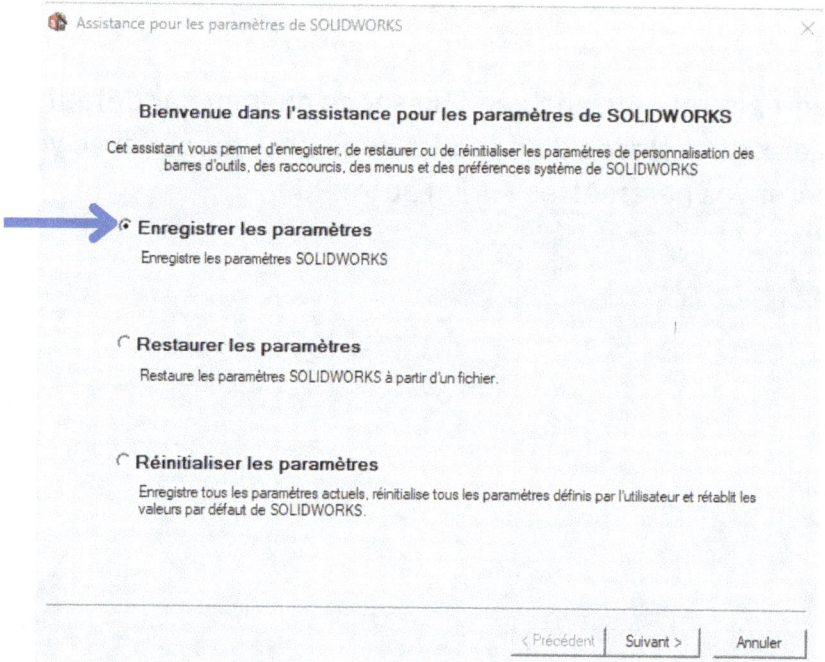

L'assistant s'ouvre et vous permet d'enregistrer vos paramètres.

L'option **"Restaurer les paramètres"** vous permet de charger un fichier de paramètres que vous auriez déjà enregistré. Cela vous servira si vous travaillez sur un autre ordinateur ou si vous avez plusieurs environnements de travail suivant vos activités. Vous pouvez ainsi depuis cette option changer tout l'environnement de travail de SolidWorks.

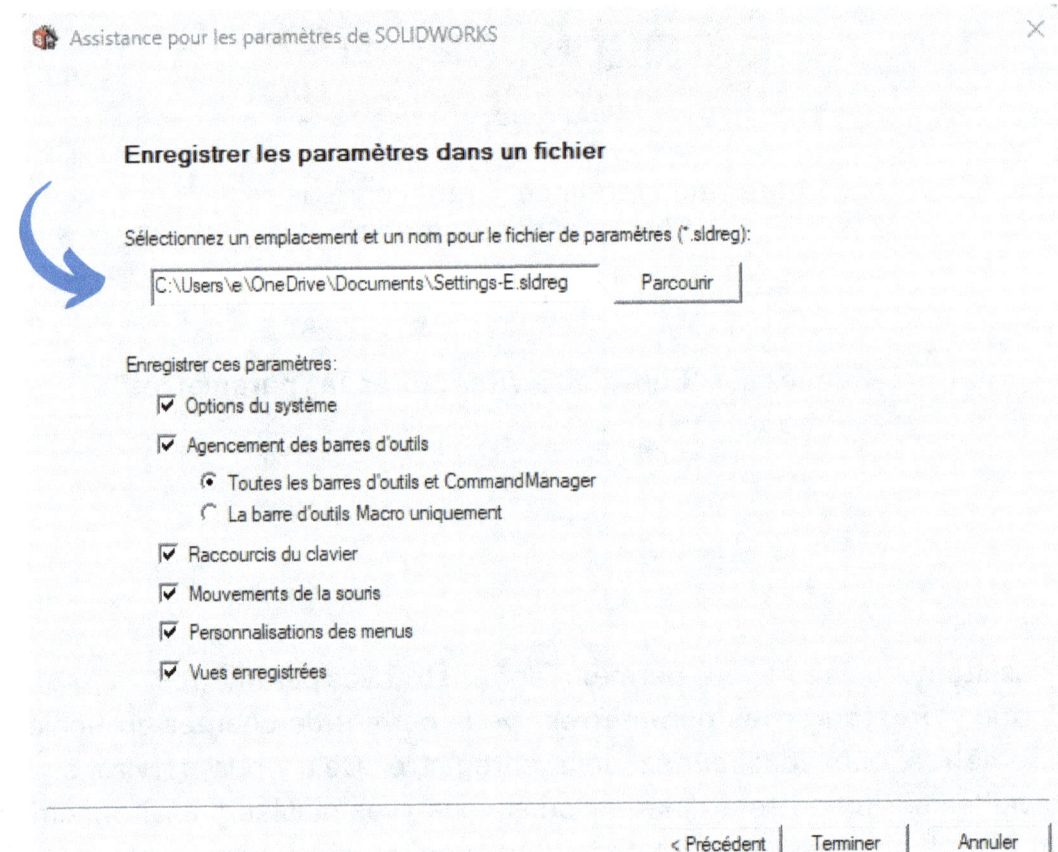

Nommer et enregistrer votre fichier. Laisser ce chemin par défaut.
C'est ce fichier **xxxxx.sldreg** qu'il faudra copier et amener avec vous si vous voulez récupérer vos paramètres sur un autre PC.

PARTIE 2

CRÉER SES FICHIERS DE BASE

CHAPITRE 6
LES FICHIERS PIÈCES

Le but de se créer des modèles, est de réutiliser une partie de son travail pour la conception de nouvelles pièces.

Cela peut paraitre assez anodin de faire ça, mais il faut savoir que c'est le fichier que vous ouvrirez chaque fois que vous ferez une pièce. Donc, il faut qu'il soit parfait avec tout ce qu'il faut dedans. Il ne faut pas que vous perdiez du temps à rajouter ou à modifier des paramètres une fois que vous avez commencé votre pièce. Tous les petits ajustements que vous faites à vos fichiers pièce doivent être dans votre fichier pièces de base.

POUR CRÉER SES MODÈLES DE PIÈCES

➤ LE FICHIER DE BASE

Faire nouveau et ouvrir le modèle de base de pièce.

➤ CONFIGURER LES PARAMÈTRES DU FICHIER

Dans le chapitre 1, je vous explique comment accéder aux options du système et aux propriétés du document. Vous pouvez ainsi paramétrer une base générale pour tous vos fichiers. Dans cette partie, il faudra juste paramétrer les propriétés du document. Ce sont des paramètres qui seront propres à chaque modèle de fichier que vous créerez.

Pour accéder aux paramètres du document, cliquez sur la roue et sur **«option»**.

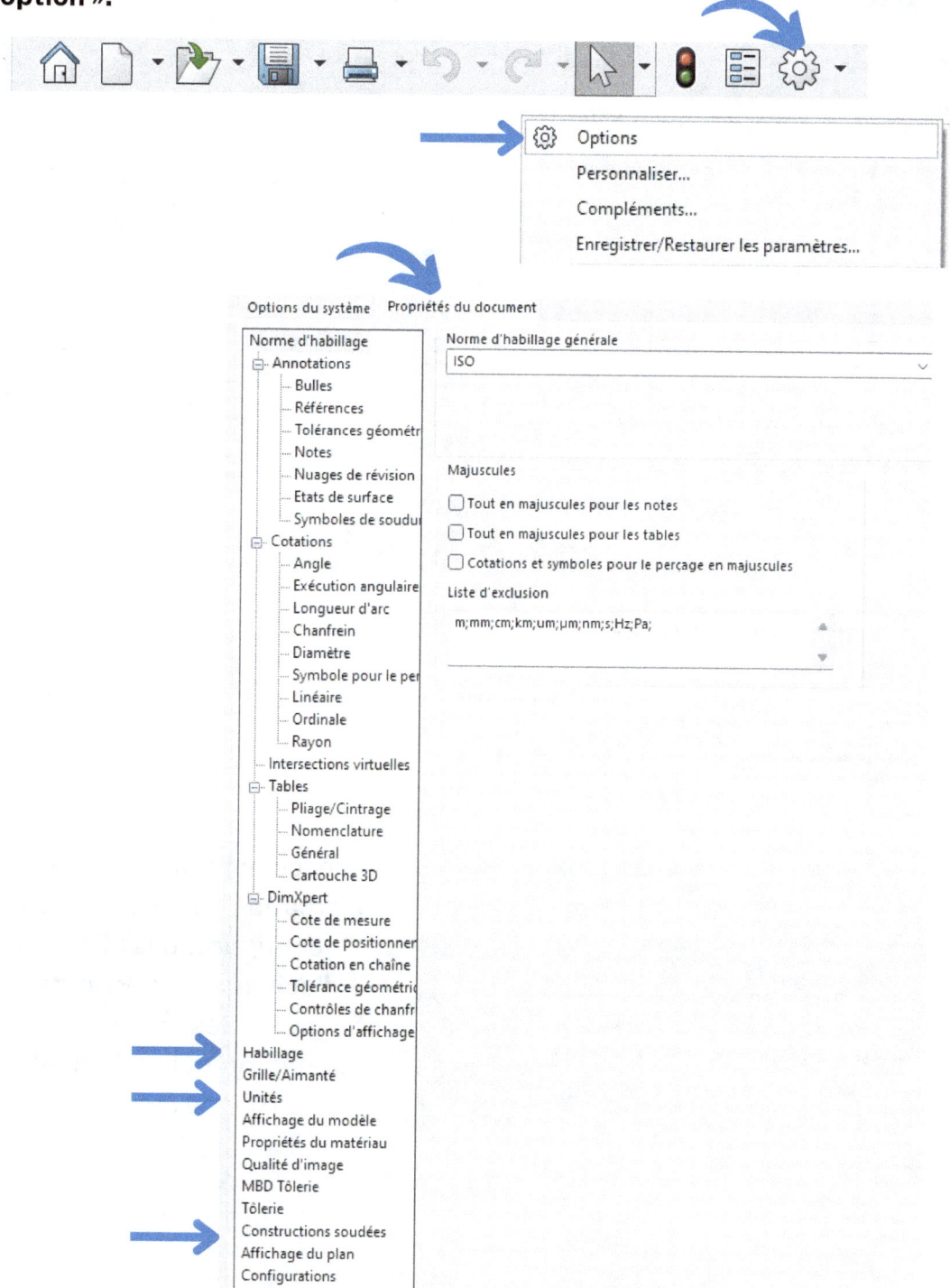

Je vous propose de configurer au minimum ces 3 paramètres:

Habillage:

Unités:

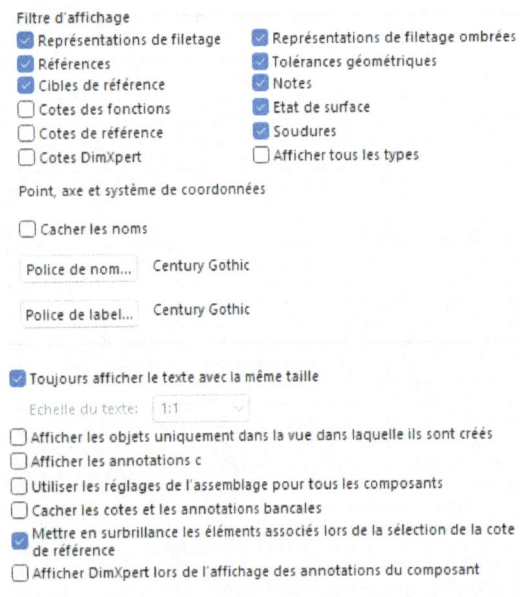

Constructions soudées:

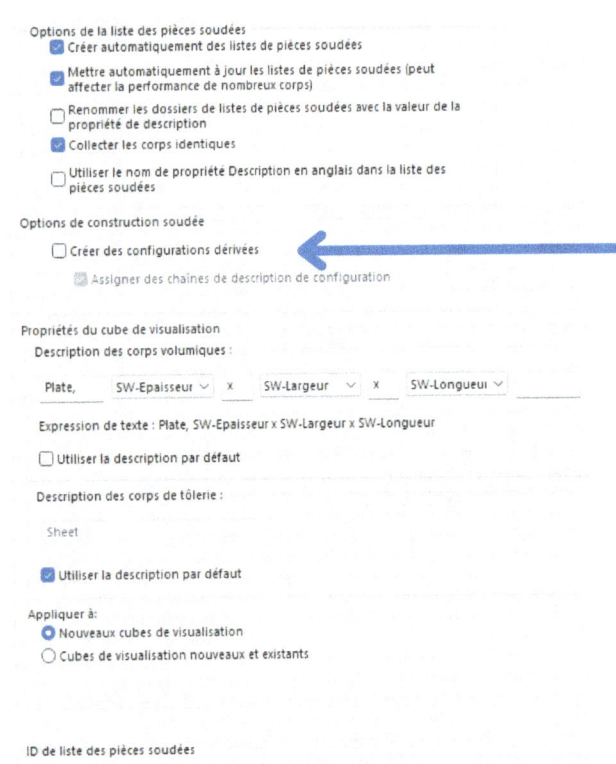

À décocher pour ne pas avoir la création automatique des configurations **"Brut d'usinage"** ou **"Brut de soudage"**. Ces configurations surchargent inutilement l'arbre de création.

CONFIGURER LE MODÈLE 3D:

Nous allons créer dans un premier temps l'environnement vide.
Ce fichier servira pour débuter une pièce quelconque et ça sera votre fichier pour l'ouverture des modèles 3D.

Ajouter des axes

Par défaut, la pièce de base a déjà les plans, vous pouvez rajouter les axes.
Dans l'onglet fonction, choisir « **géométrie de référence** », puis « **axe** ».

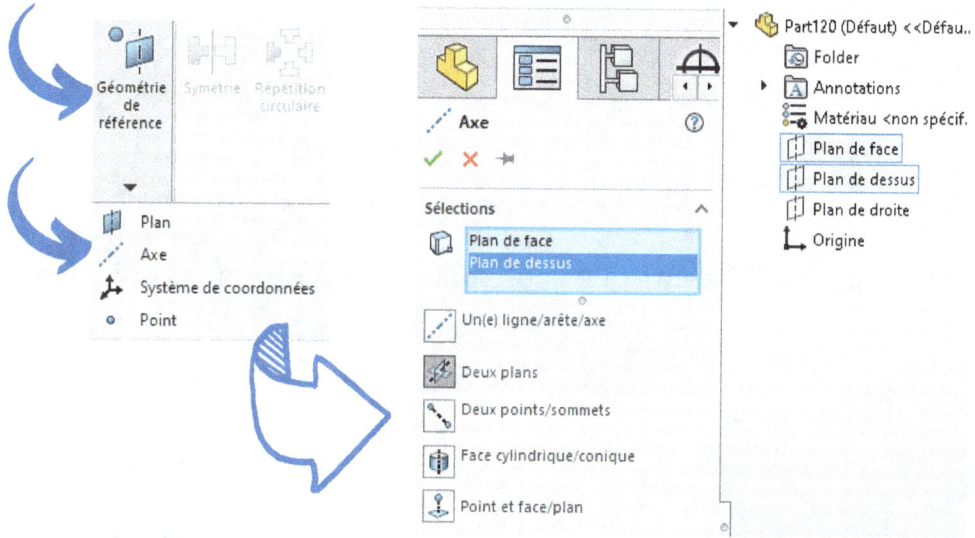

Cliquer sur le plan de face et de dessus, puis valider.
Recommencer l'opération, et cette fois cliquer sur le plan de face et celui de droite. Recommencer encore une fois, et cette fois choisir le plan de dessus et le plan de droite.

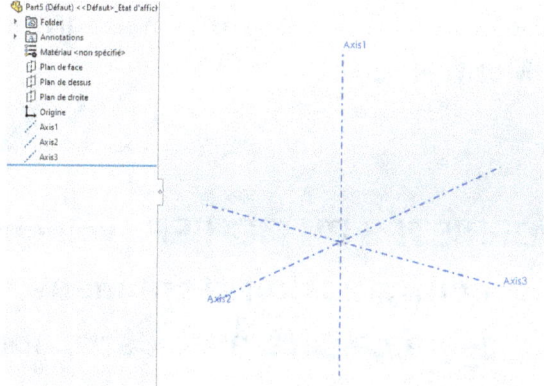

Vous pouvez choisir de laisser les plans et les axes visibles.
Mais je vous conseille de les cacher, car cela fait très chargé comme espace de travail (clic gauche pour sélectionner les éléments et clic droit pour afficher la fenêtre avec montrer/cacher).

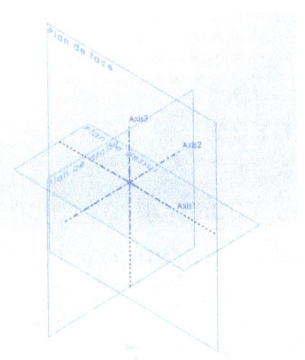
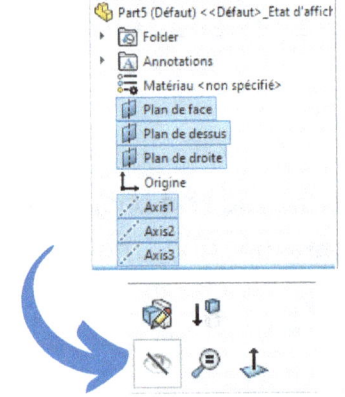

Les élements visibles

Sélectionner les éléments que vous voulez voir pour votre fichier pièce

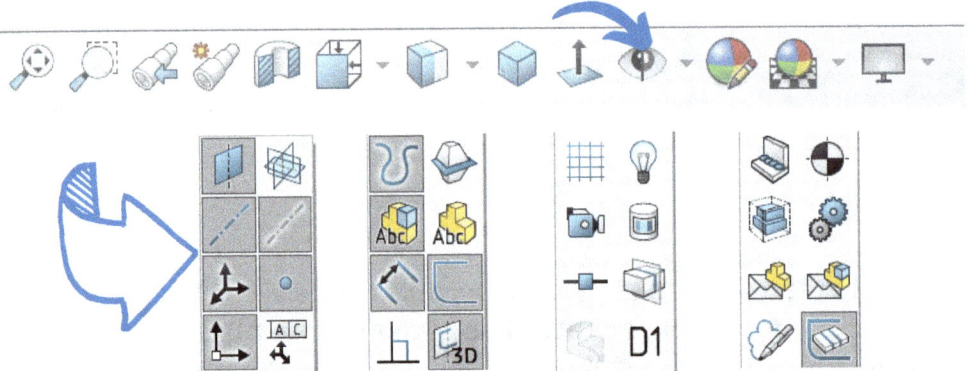

Les éléments que vous cochez seront affichable à l'écran.
Pour montrer ou cacher ces éléments, il faudra les sélectionner (clic droit) et choisir **"Montrer"** ou **"Cacher"**.

➡ LES PROPRIÉTÉS DU FICHIER (voir chapitre 9)
Une fois vos configurations terminées, votre premier modèle de pièce sera prêt à être enregistré !

ENREGISTRER LE MODÈLE

Pour enregistrer votre modèle, cliquez sur **«Enregistrer sous»** et sélectionnez **«Part Templates (*.prtdot)»** comme type de fichier.

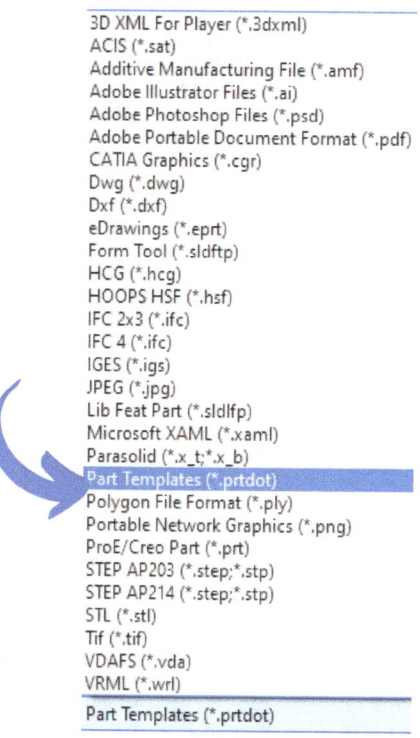

Enregistrer le fichier dans le dossier **"templates"** qui est proposé par défaut.
Nommé-le **"pièce-vide"**.
C'est votre modèle de base de pièce que vous utiliserez pour créer d'autre template de pièces.

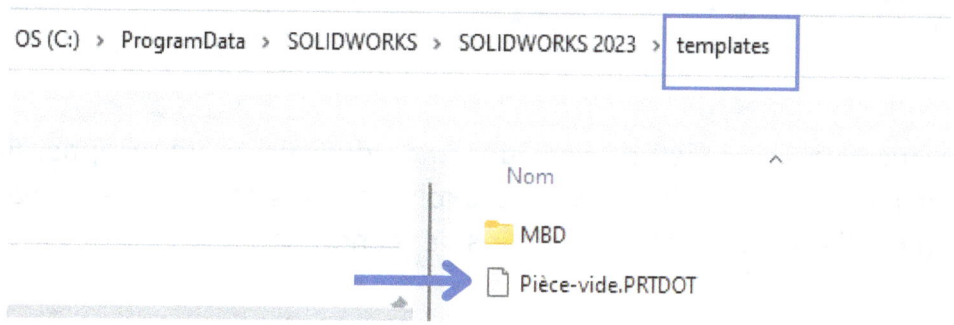

À partir de ce moment, quand vous voudrez créer une nouvelle pièce, ce modèle de pièce apparaitra dans la liste.

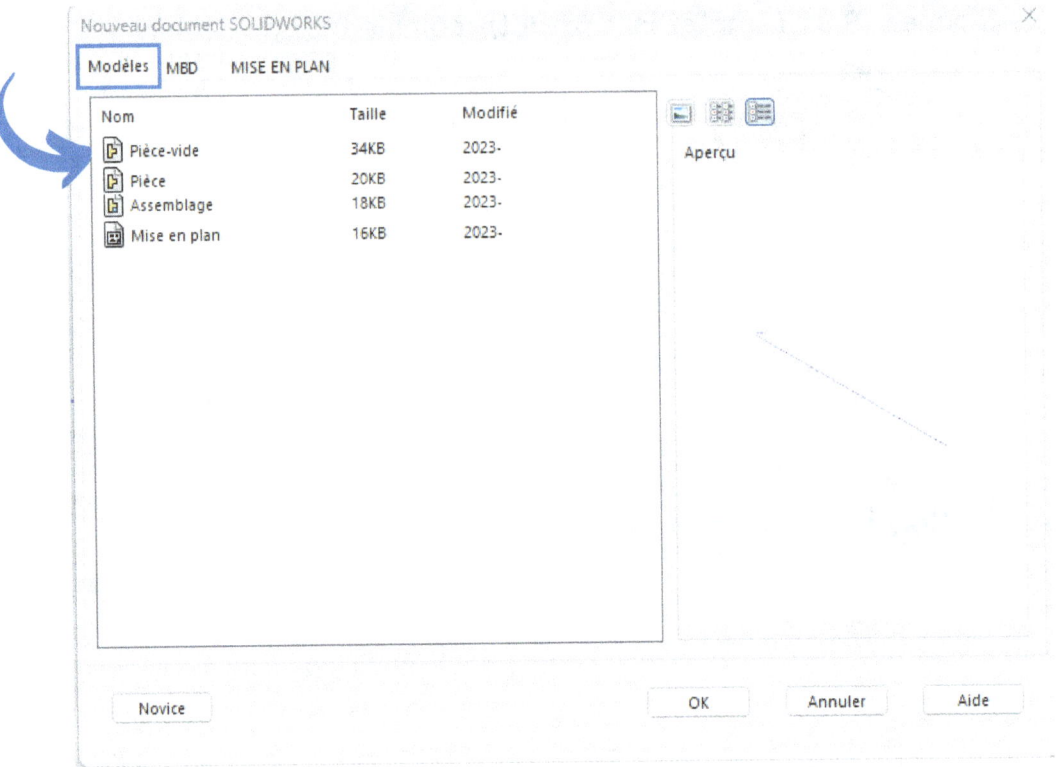

Une petite chose un peu mélangeante :
Votre fichier est enregistré dans un dossier qui s'appelle **"template"**, mais quand on ouvre la fenêtre **"Nouveau document SOLIDWORKS"**, le fichier se trouve dans un dossier qui s'appelle **"Modèles"**.
La raison est que SolidWorks traduit le nom du dossier **"template"** en français.

Vous pouvez l'enregistrer dans un autre dossier, et faire apparaitre ce dossier dans les onglets, je vous explique dans le chapitre 1, page 10, comment lier un dossier aux chemins de recherche.

CRÉER DES FONCTIONS POUR VOS PIÈCES DE BASE

Suivant le type de pièce que vous dessinez, il peut très utile de faire des templates de pièces.

Si par exemple, vous avez besoin de dessiner souvent les mêmes types de pièces qui ont toujours une base commune, comme une plaque rectangulaire en aluminium avec un pattern de perçage.

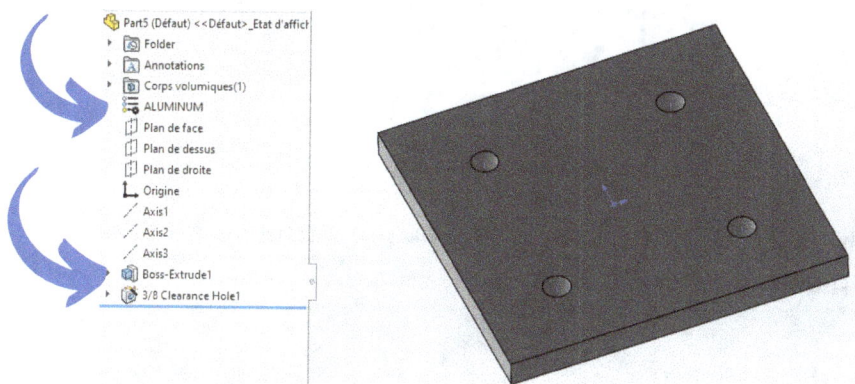

Une fois votre pièce créée, faire enregistrer sous et sélectionner **"Part Templates"** comme type de fichier.

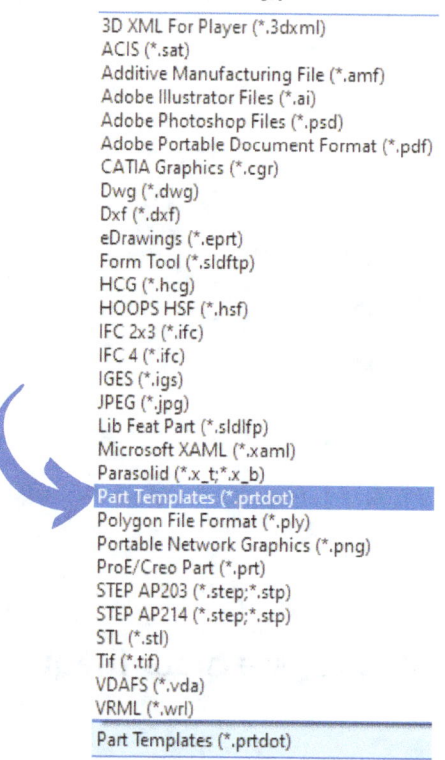

Enregistrer le fichier dans le dossier « **Templates** ».
Je l'ai nommé **"PLATE-1-ALU"**.

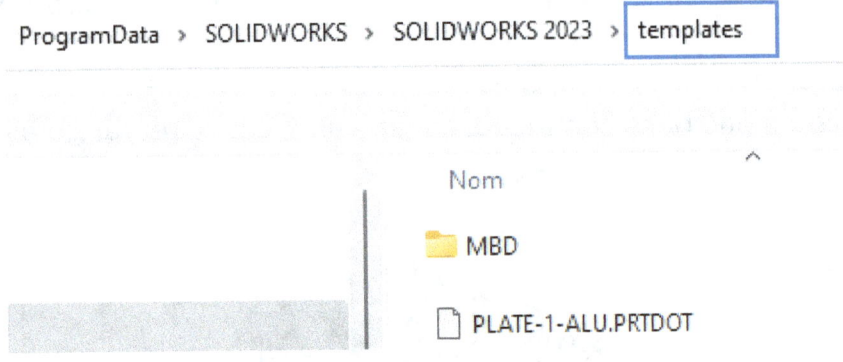

Comme pour le modèle de pièce vide, vous le retrouverez dans la liste des modèles de pièces.

A partir de là, vous pouvez vous construire une bibliothèque de modèle.

Les avantages de cette procédure

- Gain de temps de conception, car les fonctions sont déjà créées.
- Évite d'oublier de renseigner des informations comme la matière.
- Un gros avantage sera au niveau de la mise en plan, vous pouvez faire une mise en plan liée au modèle de pièce avec des cotes. Comme la pièce est toujours créée avec les mêmes fonctions de base, les cotes ne perdent pas leur lien.

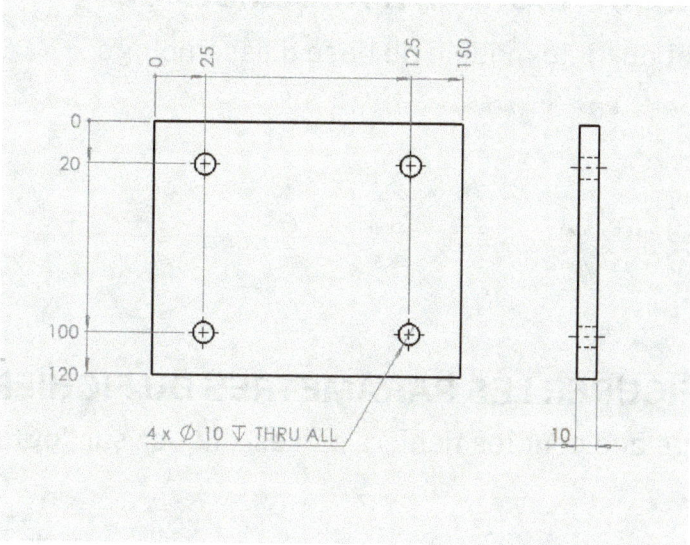

Avec cette méthode, vous pouvez créer des modèles de pièces extrudés en tôlerie ou en construction soudés. Il n'est pas nécessaire d'en créer des dizaines, le but est d'avoir une base bien pensée pour chaque type de pièce. Et surtout, d'avoir un corps de pièce pour avoir toujours les mêmes références pour les mises en plans.

Vous pouvez aussi récupérer des pièces dans d'anciens projets. C'est à juger suivant la quantité de modifications à apporter.

CHAPITRE 7
LES FICHIERS ASSEMBLAGES

Pour le fichier assemblage, il n'y a peu de choses à configurer. Ce sera surtout au niveau de l'affichage. Un seul modèle de fichier d'assemblage est généralement nécessaire. Pour ma part j'en utilise 2, car je peux travailler en unité métrique ou en unité impériale.

 CRÉER SON MODÈLE D'ASSEMBLAGE

Faire nouveau et ouvrir le modèle de base d'assemblage.

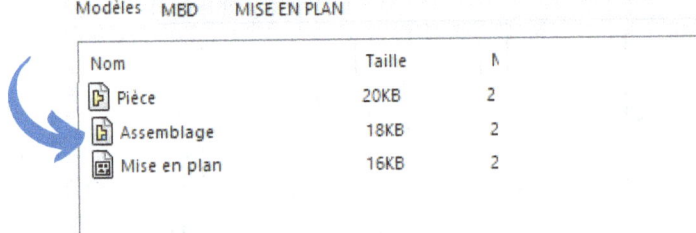

 CONFIGURER LES PARAMÈTRES DU FICHIER

Même procédure que pour les fichiers pièces, cliquez sur **"option"**

Vous aurez principalement les unités à configurer.

 LES PROPRIÉTÉS DU FICHIER (voir chapitre 9)

 ENREGISTRER LE MODÈLE

Enregistrer votre modèle dans le dossier **"templates"**, comme pour les modèles de pièce.
Le format est en **.asmdot.**

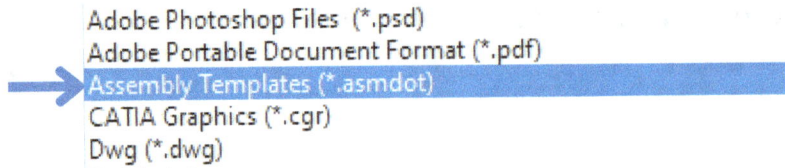

CHAPITRE 8
LES MISES EN PLANS

LE CARTOUCHE

Pour créer son propre cartouche, il faut utiliser un cartouche existant de Solidworks pour avoir une base. Ouvrez un fichier de mise en plan et faire **"enregistrer sous"** pour l'enregistrez-le en modèle de mise en plan **(*.drwdot)** dans le dossier **"template"**.

INSÉRER UNE PIÈCE

TRÈS IMPORTANT: Pour pouvoir configurer correctement les notes, vous aurez besoin de lier des notes à des propriétés de pièces ou d'assemblage. Si vous n'avez pas de pièces insérées dans votre mise en plan, vous n'aurez pas la possibilité de sélectionner des propriétés.

Pour une explication complète sur comment créer des propriétés dans un fichier pièce, vous pouvez consulter le **Chapitre 9 - CRÉER LES PROPRIÉTÉS**

Pour insérer une pièce, faites un clic gauche sur **"Palette de vues"** et sur le bouton **"Recherché"**.

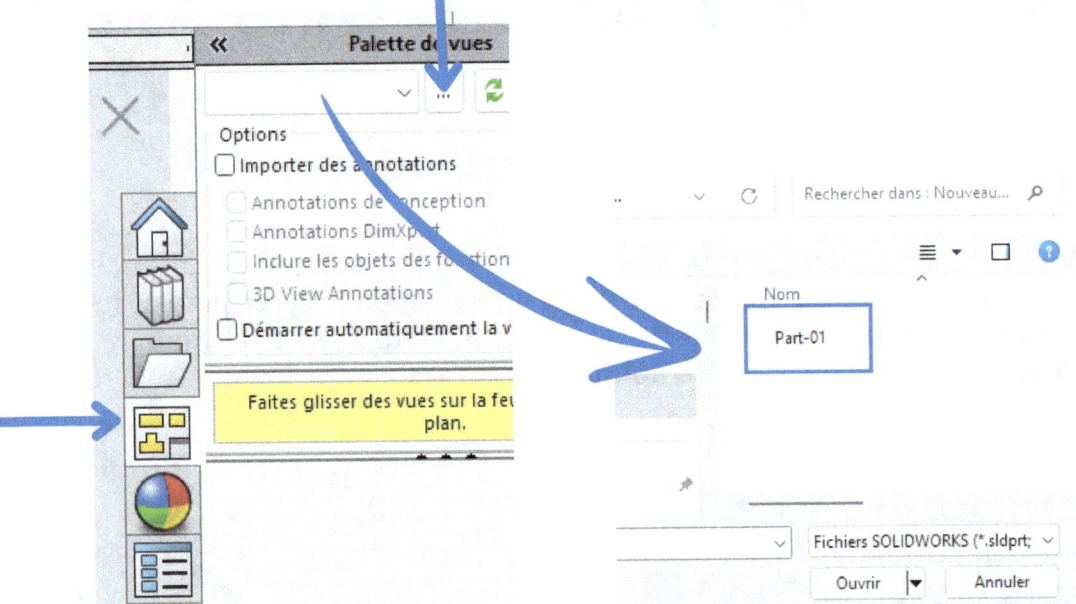

Pour ma part, j'ai sélectionné un fichier pièce **(Part-01)** que j'ai créer avec les propriétés ci-dessous.

Créez aussi un fichier pièce et ajoutez lui toutes les propriétés que vous souhaitez avoir sur votre mise en plan.

#	Nom de la propriété	Type	Valeur / Expression de texte	Valeur évaluée	
1	Description	Texte	Part-01	Part-01	
2	DESIGNATION	Texte	-	-	
3	DESSIN NO	Texte	SPRP:'SW-File Name'	Part-01	
4	Material	Texte	'SW-Matériau@Part-01.SLDPRT'	ALUMINIUM	
5	PLAN DXF	Texte	NON	NON	
6	DESCRIPTION MC MAS	Texte			
7	WEIGHT	Texte	'SW-Masse@Part-01.SLDPRT'	0.15	
8	VENDOR	Texte			
9	NBRE	Texte			
10	LENGHT	Texte			
11	TYPE	Texte	PART	PART	
12	No de plan	Texte	001	001	
13	<Tapez une nouvelle				

MODIFIER LE CADRE DU CARTOUCHE

Faites un clic droit sur le plan et cliquez sur
« **Editer le fond de plan** ».

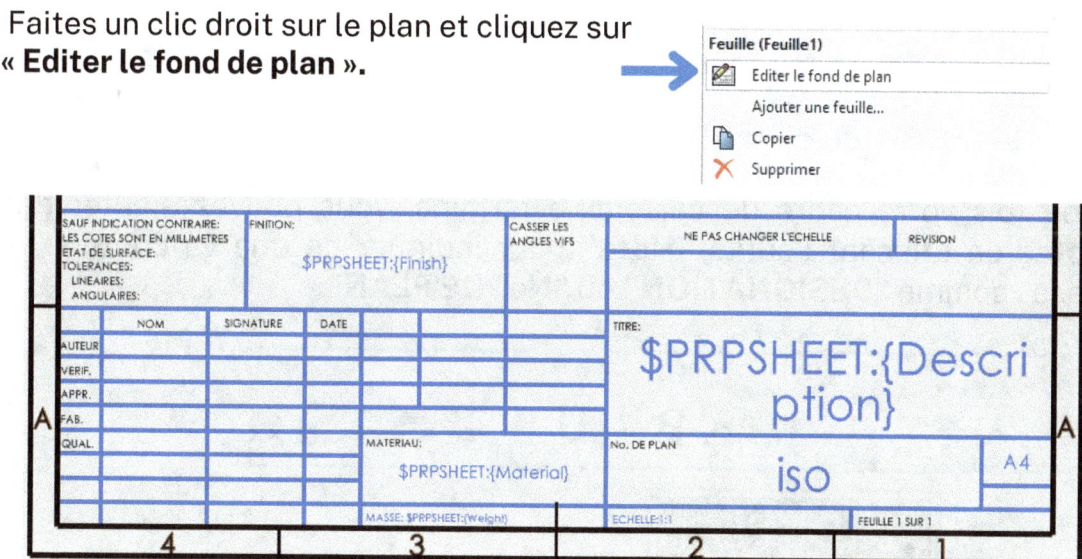

Vous pouvez garder des éléments ou tous supprimer.
Je vous conseille pour l'instant de garder toutes les notes, elles pourront servir par la suite.
Pour dessiner votre cartouche, utilisez les outils dans l'onglet **" Esquisse"** pour créer des lignes et utilisez les fonctions de la barre d'outils **"Format de ligne"** pour modifier l'épaisseur et le type de ligne.

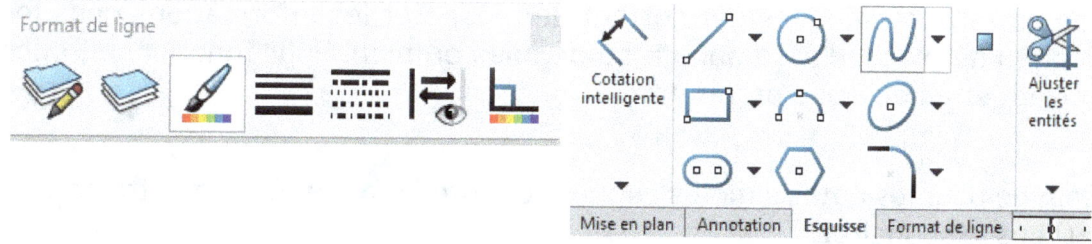

Petit rappel : pour accéder aux barres d'outils, faire un clic droit dans les onglets d'outils et cliquer sur « **Barre d'outils** ».

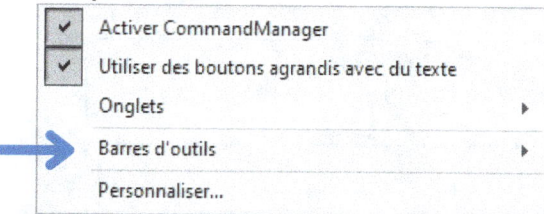

AJOUTER DES NOTES SIMPLES ET AUTOMATIQUES

LES NOTES SIMPLES:

Une fois votre cadre de cartouche terminé, vous pouvez ajouter des notes en utilisant l'outils **"Note"** pour indiquer ce que va contenir la case, comme **"DÉSIGNATION"** ou **"No. DE PLAN"**.

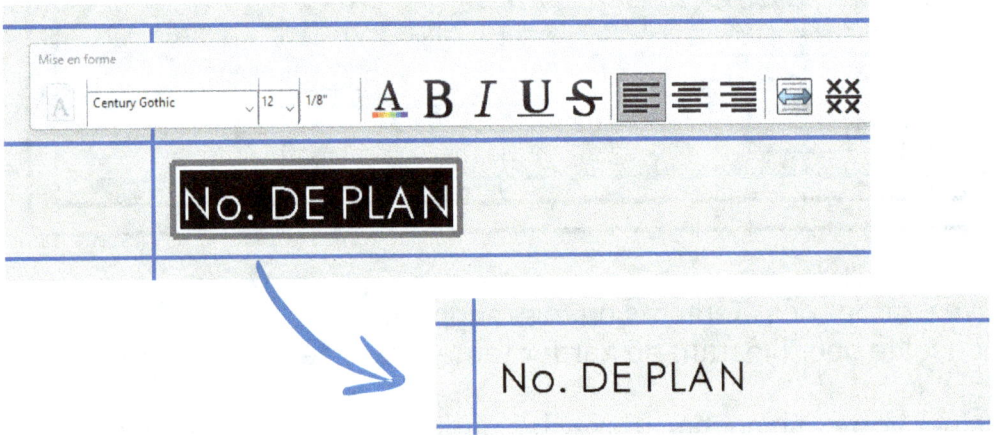

LES NOTES AUTOMATIQUES:

Les notes automatiques permettent de récupérer les informations dans les fichiers de pièce, d'assemblage ou de mise en plan. Pour fonctionner, elles doivent être liée à une propriété.

Comme pour les notes simples cliquez sur note , et placez votre note où vous le souhaitez.
N'inscrivez rien dans la note.

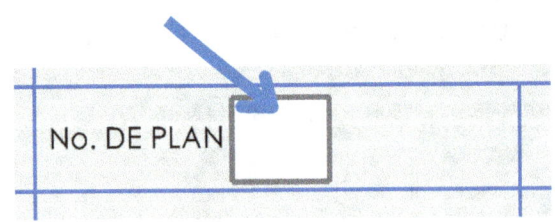

Dans le cadre des propriétés de la note, cliquez sur **"lié à la propriété"**.

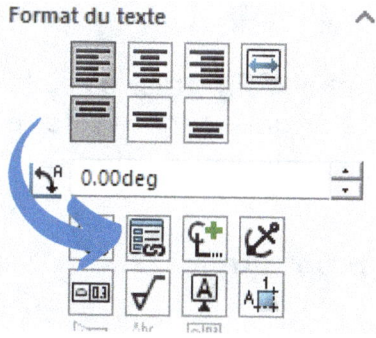

Vous pouvez ainsi lier votre note à une propriété, soit de la feuille, soit de la pièce ou soit de l'assemblage inséré dans la mise en plan.

C'est pour cela qu'il était important d'insérer une pièce dans la mise en plan.

 **Pour information** : Quand vous enregistrerez votre fichier de mise en plan en **"modèles de mise en plan"**, la pièce que vous avez insérer disparaitra.

Ci-après je vous détaille comment choisir entre les différentes notes automatiques.

LES DIFFÉRENTS TYPE DE NOTES

Ci-dessous, je détaille les 3 choix. En gras, c'est le texte qui sera ajouté automatiquement à votre note et qui permettra de récupérer la valeur de la propriété.

▶ **$PRP:"nom_de_la _propriété"**

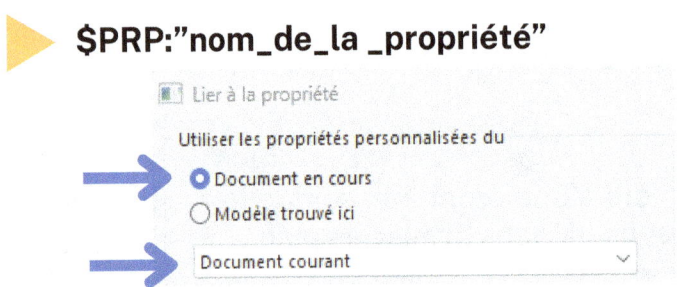

Cette note sera liée aux propriétés de la feuille.

▶ **$PRPSHEET:"nom_de_la _propriété"**

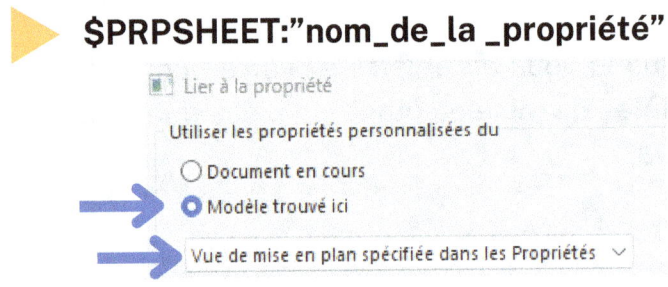

Cette note sera liée aux propriétés de la pièce ou de l'assemblage qui sera inséré dans la mise en plan.

▶ **$PRPSMODEL:"nom_de_la _propriété"**

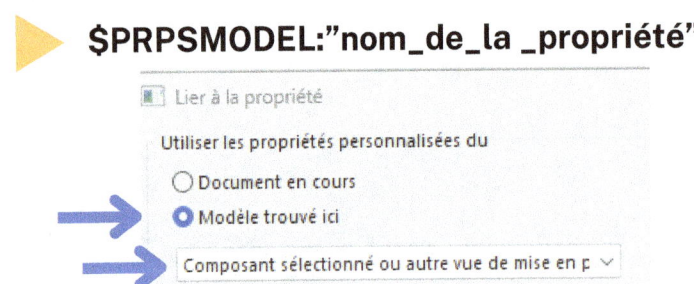

Cette note sera liée avec les propriétés de la feuille (cette note n'a pas vraiment de différence avec la note $PRP).

CHOISIR LA PROPRIÉTÉ

Dans le menu déroulant, vous aurez la possibilité de choisir une propriété qui sera lié à la note. Vous pouvez sélectionner une propriétés SolidWorks ou une que vous avez créées.
Pour l'exemple, je sélectionne la propriété " **No de plan**"

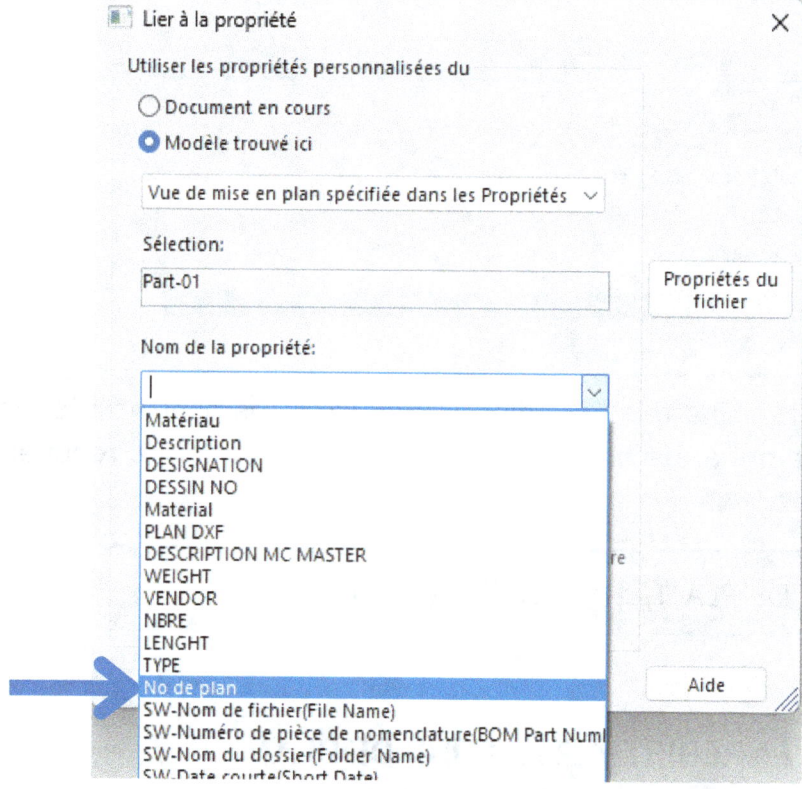

Comme dans la pièce " **Part-01**" la valeur de **"No de plan**" était de **"001"**, elle sera automatiquement inscrite. Cela indique que le lien fonctionne.

Vous pouvez ainsi continuer et rajouter d'autres notes automatiques pour compléter votre cartouche.

ENREGISTRER VOTRE MISE EN PLAN

Une fois votre cartouche terminée, il faut enregistrer votre plan en **"modèle de mise en plan (*.drwdot)"**.
Faites simplement **" Enregistrer sous "** et sélectionner **" Modèle de mise en plan"**.
Rentrez un nom et enregistrez le dans vos templates.

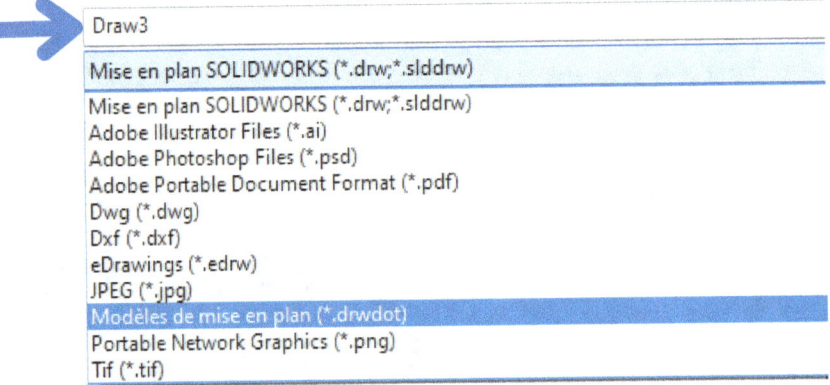

Si vous le souhaitez, une fois le fichier enregistré, vous pourrez aller voir la note automatique qui a été créée avec le texte qui permet de récupérer la valeur de propriété.

ENREGISTRER LE FOND DE PLAN

Enregistrez aussi le fond de plan. Le but est de pouvoir remplacer le fond de plan d'une mise en plan . Enregistrez le aussi dans vos templates.
C'est un fichier ***.slddrt.**

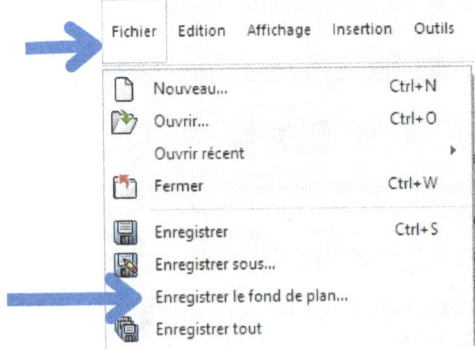

Pour changer le fond du plan, vous devez cliquer sur « **feuille** » et «**propriété**».

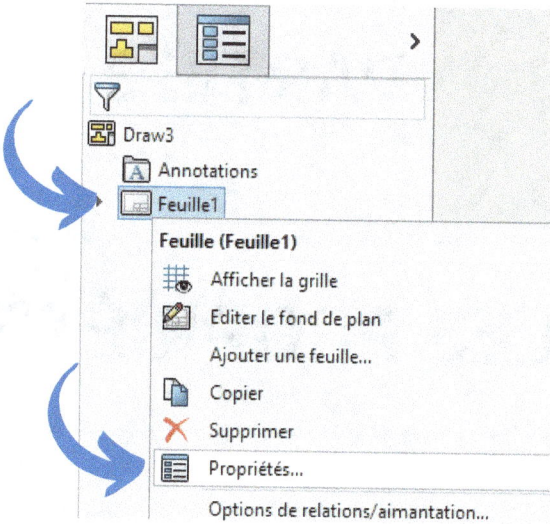

Cliquer sur « **afficher le fond de plan** » et « **parcourir** » pour aller chercher le fond de plan que vous aurez enregistré.

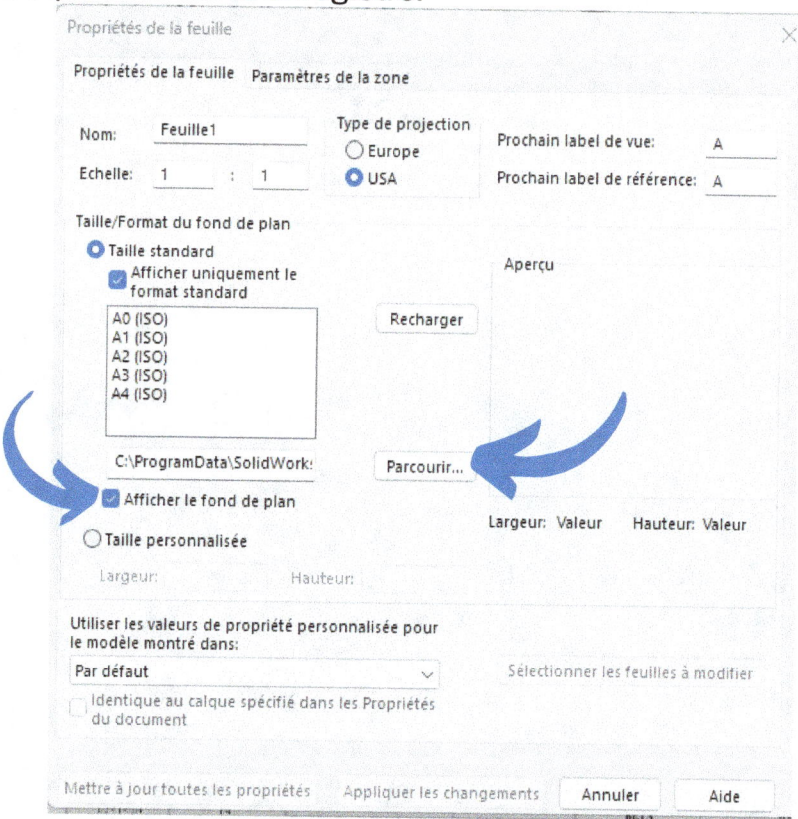

PARTIE 3

LES PROPRIÉTÉS

CHAPITRE 9
CRÉER LES PROPRIÉTÉS

Les propriétés sont des informations que l'on donne aux fichiers.
Il faut leur donner un nom et une valeur.
Les propriétés sont crées à l'intérieur d'un fichier.
Le fichier où s'enregistrent les propriétés que l'on a créées est un document texte appelé Properties.
Vous pouvez le consulter en suivant ce chemin.
C:\ProgramData\SOLIDWORKS\SOLIDWORKS 2024\lang\french
C'est ce fichier qui sert pour toutes les pièces, les assemblages et les mises en plan.

POUR CRÉER UNE PROPRIÉTÉ

Cliquer sur **"Propriétés du fichier"**.

Par défaut, il n'y a pas de propriétés.
Cliquez sur **"Editer la liste"**.

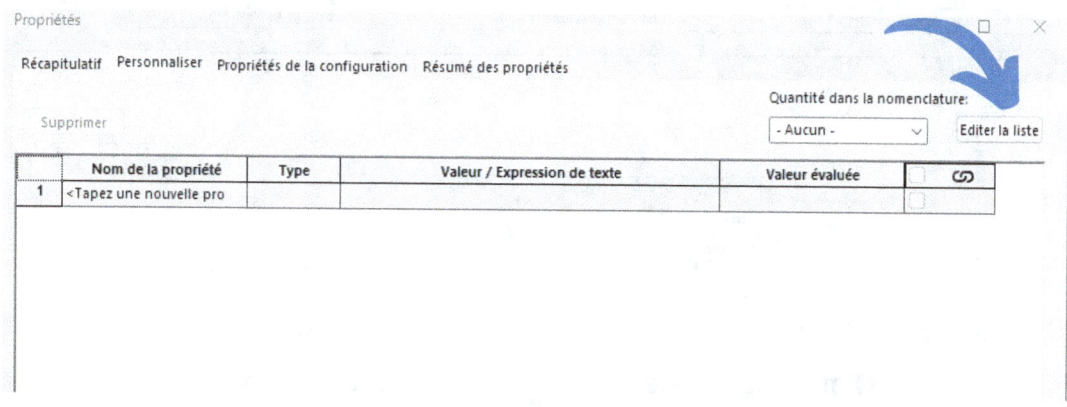

Créer autant de propriétés que vous le souhaitez en indiquant son nom dans la case supérieure et en faisant « **Ajouter** ».

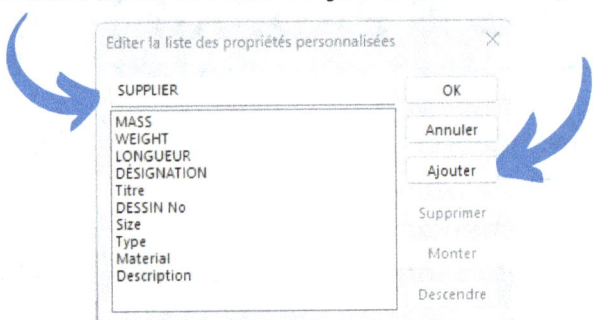

Une fois votre liste de propriétés créée, vous pourrez les sélectionner dans la colonne **"Nom de la propriété"**.

Vous pouvez à présent ajouter une valeur à votre propriété, soit manuellement ou soit en récupérant des informations liées à votre fichier, comme le matériau ou la masse par exemple.

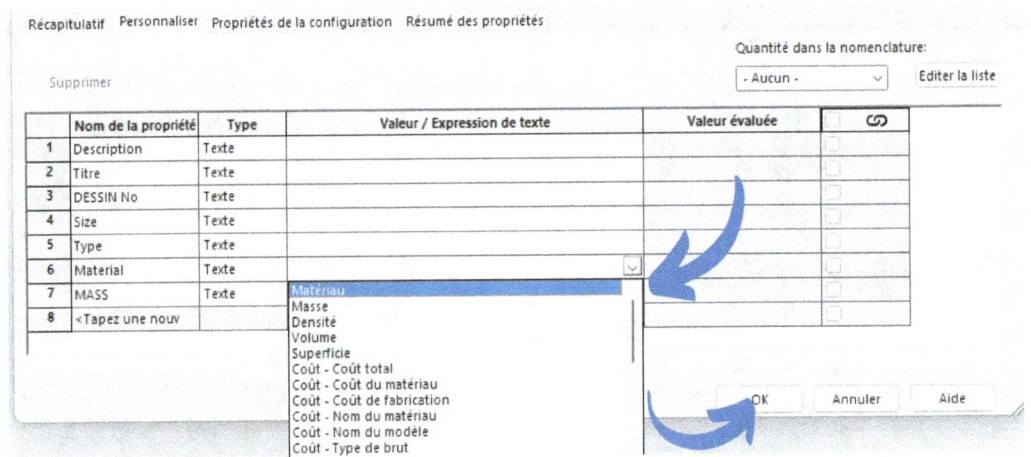

N'oubliez pas de valider en cliquant sur « **OK** ».

CHAPITRE 10
OPTIMISATION DE LA GESTION DES PROPRIÉTÉS

Maintenant que vous avez créer des propriétés, je vais vous expliquer ce qu'il est possible de faire pour remplir facilement et de manière automatisée les valeurs des propriétés en utilisant des outils disponibles dans SolidWorks, sans outils payants et sans programmation de macros.

SOLUTION #1
Allez chercher les informations dans le fichier

SOLUTION #2
Utiliser les formulaires de propriétés

SOLUTION #3
Utilisation de tables

SOLUTION #1

Quand vous enregistrez un fichier, des informations sont créées dans le fichier, comme le nom du fichier, la date de création ou encore son emplacement...

Vous pouvez récupérer ses informations en indiquant dans la case **«valeur»** le code **$PRP :"SW-XXX"** en remplaçant les **XXX** par l'information que vous voulez.

La **« valeur évaluée »** sera remplie automatiquement.

Nom de la propriété	Type	Valeur / Expression de texte	Valeur évaluée
Description	Texte	$PRP:"SW-File Name"	PLATE
Date création	Texte	$PRP:"SW-Short Date"	2023-12-12
<Tapez une nouv			

Vous pouvez récupérer les informations qui sont dans la liste ci-dessous. Reprendre le texte entre parenthèses pour le code.

- SW-Nom de fichier(File Name)
- SW-Numéro de pièce de nomenclature(BOM Part Number)
- SW-Nom du dossier(Folder Name)
- SW-Date courte(Short Date)
- SW-Date longue(Long Date)
- SW-Nom de la configuration(Configuration Name)
- SW-Auteur(Author)
- SW-Mots clé(Keywords)
- SW-Commentaires(Comments)
- SW-Titre(Title)
- SW-Sujet(Subject)
- SW-Date de création(Created Date)
- SW-Date du dernier enregistrement(Last Saved Date)
- SW-Dernier enregistrement par(Last Saved By)
- SW-Titre de fichier(File Title)
- SWLongueurdetuyau

Attention, il faut respecter les minuscules et les majuscules et il faut utiliser les doubles apostrophes " ".

SOLUTION #2

Vous pouvez créer un formulaire pour accéder facilement aux propriétés. Je vais vous montrer comment les créer, à vous ensuite de construire les vôtres.

Pour information, voici à quoi va ressembler le formulaire.
Il s'affichera à droite de l'écran et vous pourrez le remplir soit en écrivant des informations, soit en sélectionnant des informations dans une liste ou soit en cochant des cases.

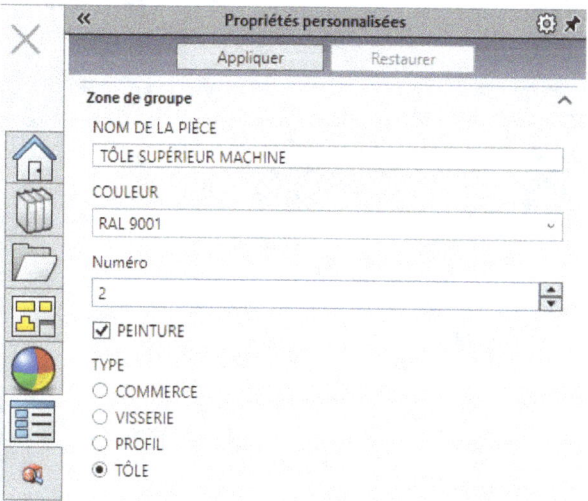

POUR COMMENCER SON FORMULAIRE

À droite de l'écran, cliquer sur **"Ressources SolidWorks"** et sur **"Editeur de formulaire de propriétés"**.

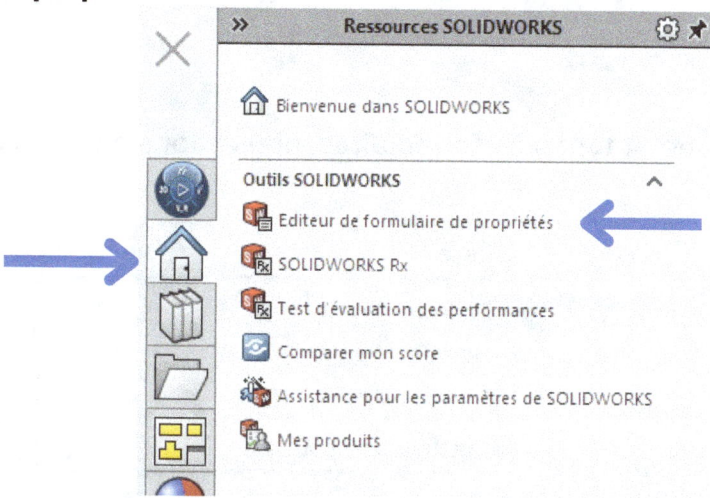

La fenêtre **"Property Tab Builder"** va s'ouvrir.

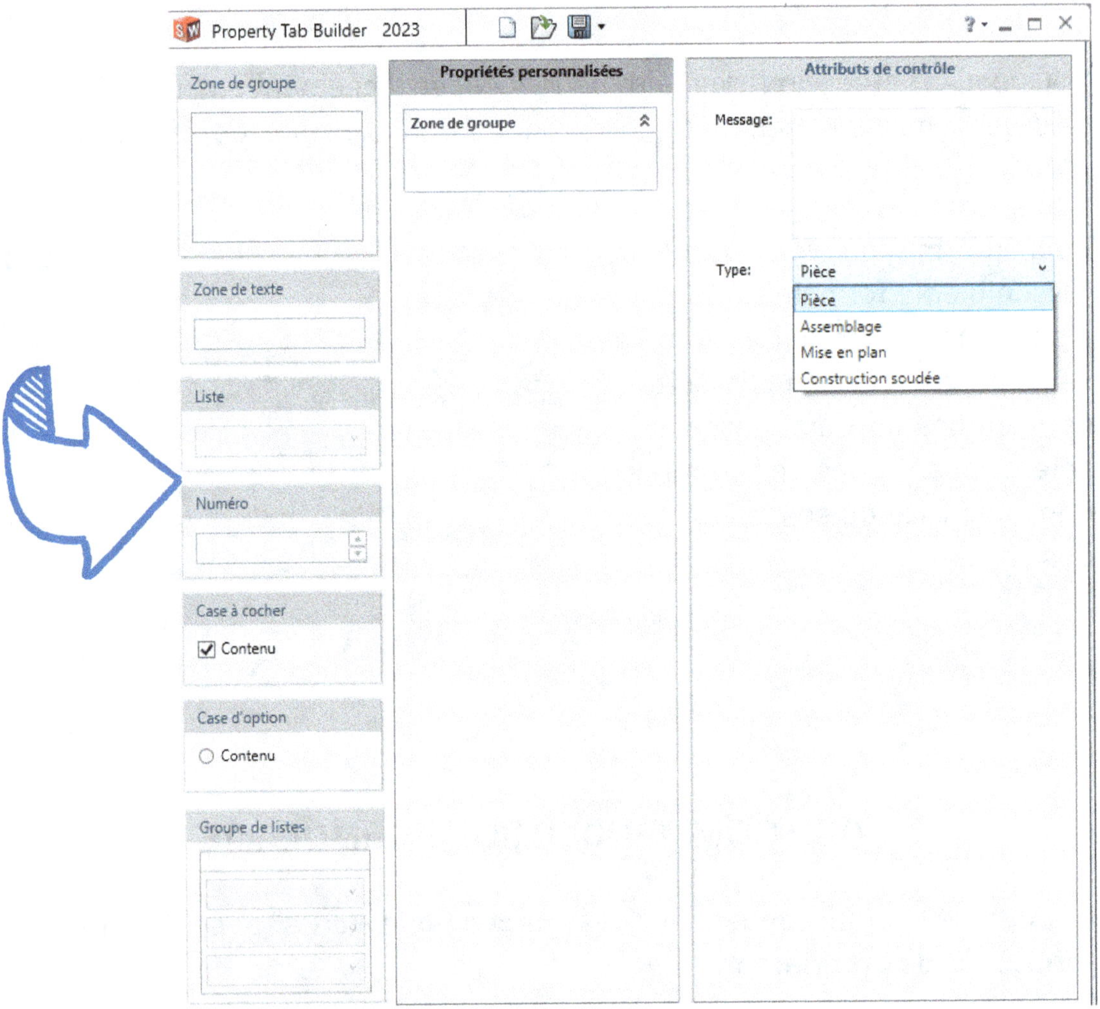

Nous pouvons créer 4 types de formulaires, nous allons choisir « **Pièce** ».

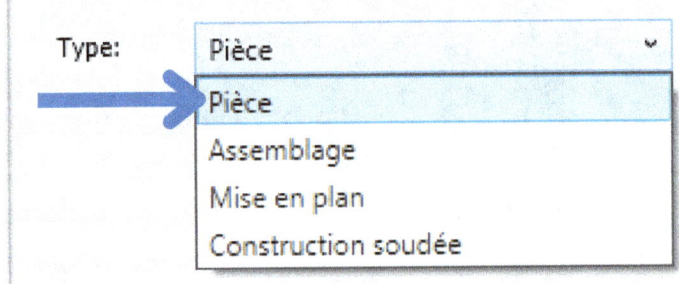

À gauche, ce sont les différents contrôles qu'on peut utiliser pour construire notre formulaire.

Au centre, notre formulaire.

À droite, la zone où nous allons paramétrer chaque contrôle.

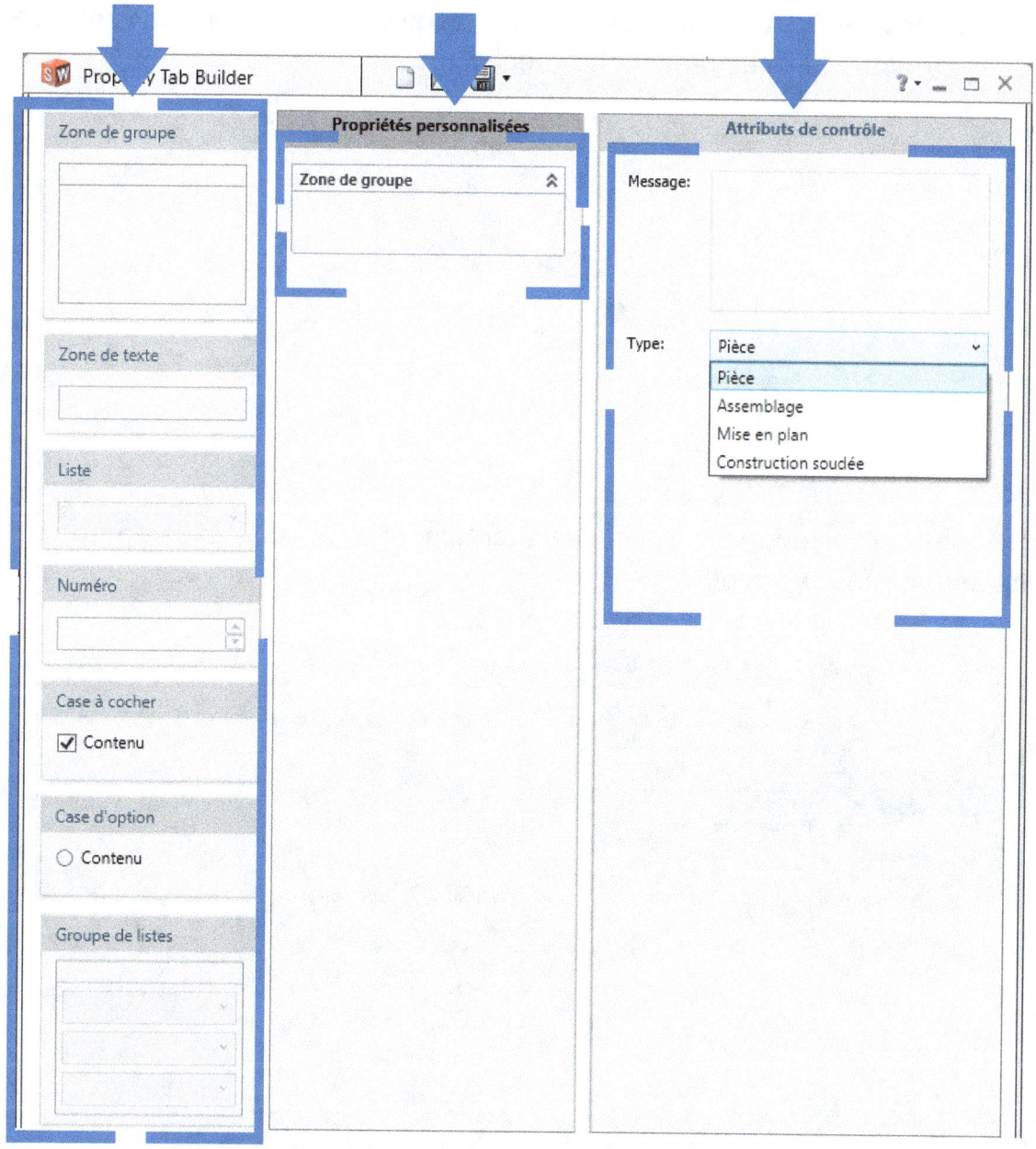

Pour construire un formulaire, vous devez avoir une « **zone de groupe** » pour mettre vos contrôles. Vous pouvez travailler avec juste une seule zone ou plusieurs, cela dépend de comment vous voulez organiser votre formulaire.

1 er CONTRÔLE : faire glisser une « **zone de texte** » dans la « **zone de groupe** » (en maintenant clic gauche appuyé).

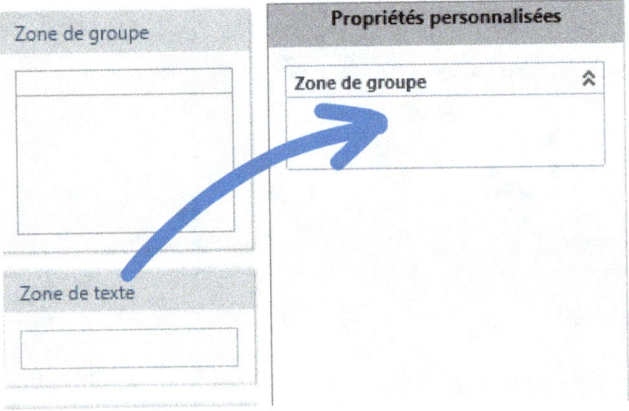

Ce contrôle vous permet d'accéder directement à la valeur d'une propriété depuis une case à remplir.

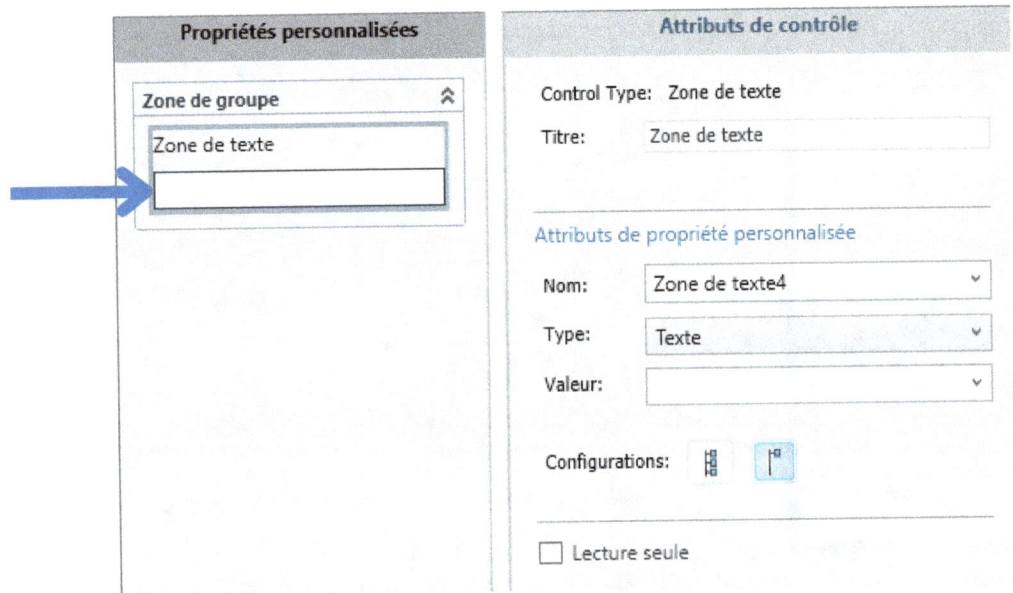

- **Indiquer le titre :** C'est uniquement pour nommer la case, ça n'a pas de répercussions pour les informations.

- **Indiquer le nom :** ça sera le nom de la propriété, c'est le plus **important**. Vous pouvez soit utiliser une propriété que vous avez déjà ou soit en inscrire une nouvelle, elle sera automatiquement créée.

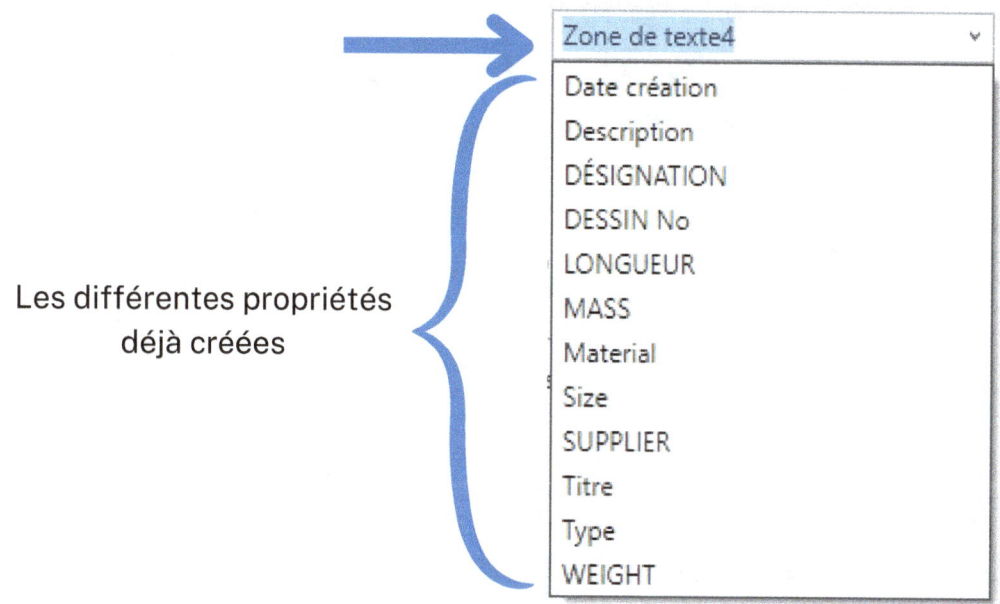

Les différentes propriétés déjà créées

- **Choisir le type entre,** "texte", "date" ou "oui/non", en générale c'est du texte

- **Pour la valeur,** soit vous choisissez une information donnée par le fichier, soit vous laissez vide (laissez vide pour commencer).

- **Pour la configuration,** si c'est pour utiliser le formulaire avec des pièces de configuration, cliquez sur celui de droite, sinon prenez celui de gauche (cliquez sur celui de gauche pour commencer).

- Ne cliquez pas « lecture seule », ça vous empêcherait de la modifier.

Pour l'exemple ,vous pouvez remplir comme ci-dessous.

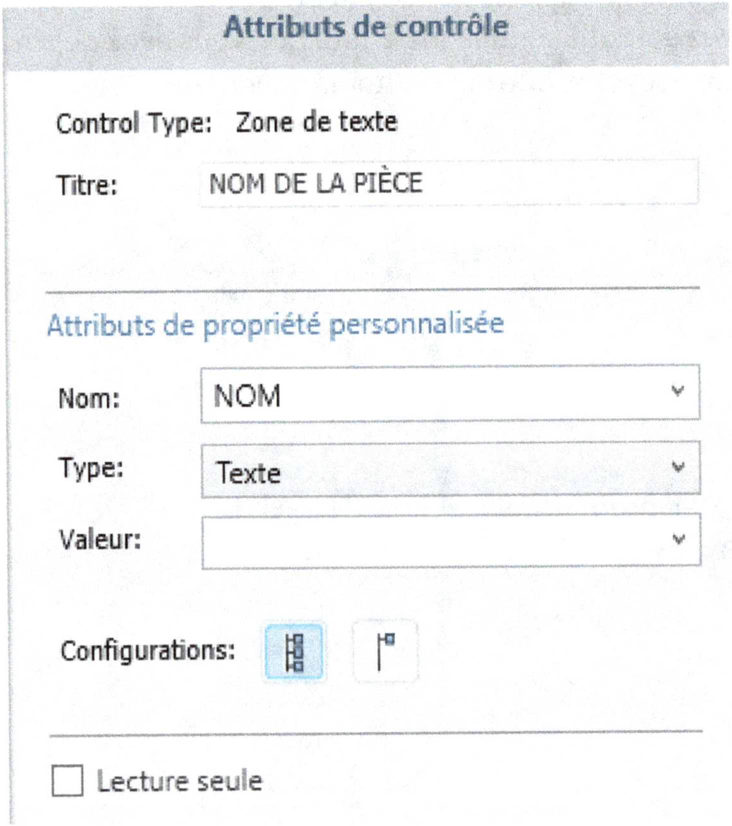

Attributs de contrôle

Control Type: Zone de texte

Titre: NOM DE LA PIÈCE

Attributs de propriété personnalisée

Nom: NOM

Type: Texte

Valeur:

Configurations:

☐ Lecture seule

▶ **2 eme CONTRÔLE :** faire glisser une "**liste**" dans la "**zone de groupe** "(en maintenant clic gauche appuyé).

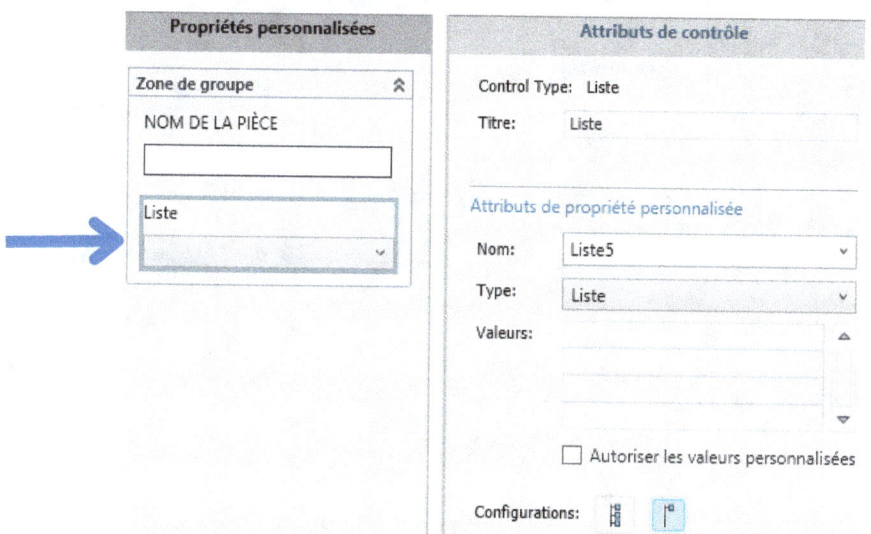

Ce contrôle vous permet de remplir la valeur d'une propriété en utilisant une liste que vous pouvez créer directement dans l'attribut de contrôle ou une liste dans un fichier Excel.

- **Pour le titre,** comme précédemment indiqué, juste un nom pour la case.

- **Pour le nom :** indiquez « **COULEUR** »

- **Pour le type :** on peut choisir « **liste** » pour faire une liste directement dans le formulaire, ou « **fichier texte** » pour aller récupérer les informations dans un fichier .csv ou .txt, ou « **fichier excel** » pour récupérer les informations dans un fichier .xls ou .xlsx.
Il faudra indiquer le chemin pour les fichiers texte et excel.
Pour les données, une simple liste sera suffisante pour le fichier texte, et pour le fichier Excel, il faudra indiquer la plage où chercher les informations.
Pour l'exemple, choisir "**LISTE**" et remplir des couleurs dans le tableau (pour rajouter des lignes, appuyer sur entrée).

- **Autoriser les valeurs personnalisées :** cela permettra d'écrire des valeurs autres que celles de la liste.

- **Configuration** pour les propriétés personnalisées.

Pour l'exemple ,vous pouvez remplir comme ci-dessous.

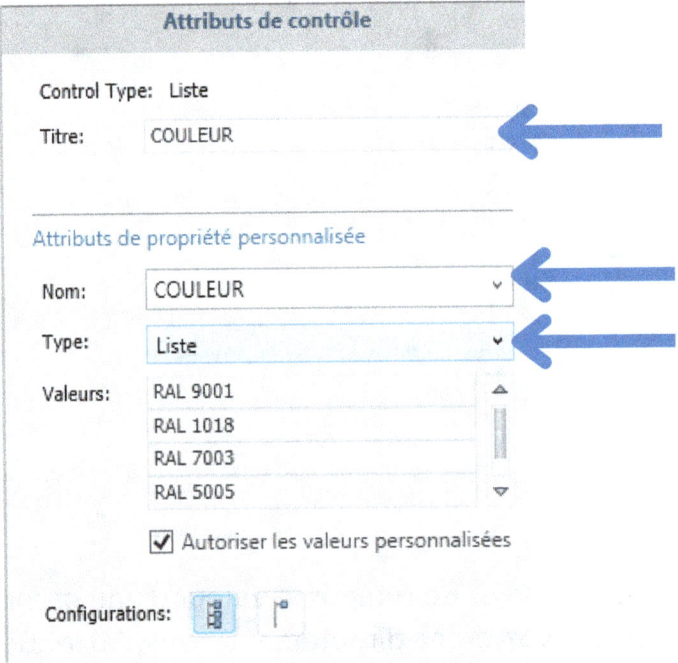

▶ **3 eme CONTRÔLE :** faire glisser **"numéro"** dans la **"zone de groupe"** (en maintenant clic gauche appuyé).

Ce contrôle vous permet d'avoir une case avec un numéro que vous pouvez incrémenter. Cela peut servir pour indiquer un numéro de révision par exemple.

- **Pour le titre et le nom,** remplir comme précédemment.
- **Pour la valeur**, indiquer « 0 ».
- **Configurations** pour les propriétés personnalisées

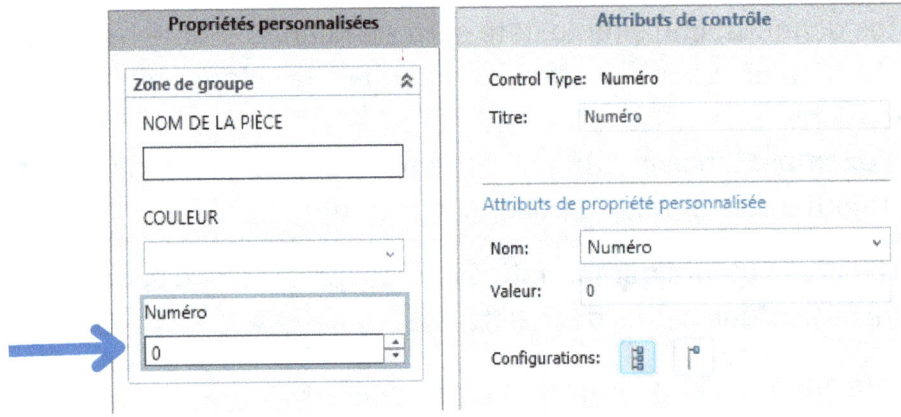

▶ **4 eme CONTRÔLE :** Faire glisser **"Case à cocher"** dans la **"zone de groupe"**

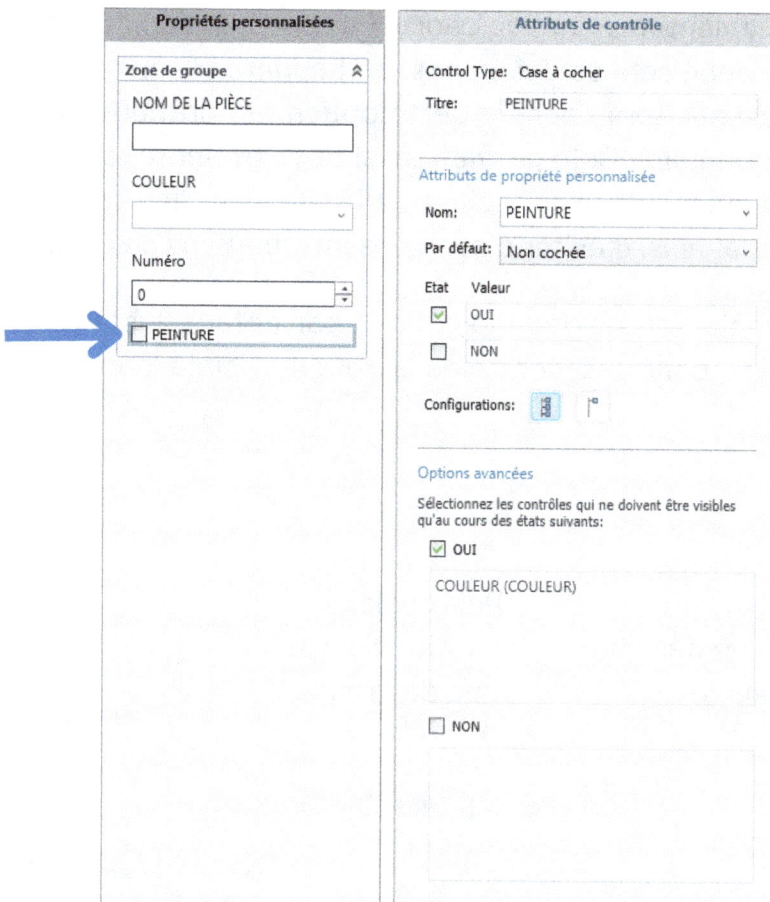

Ce contrôle vous permet d'avoir une case avec une information type binaire. Si vous cochez la case vous avez une valeur ou sinon vous avez l'autre.

- **Pour le titre et le nom,** remplir **"PEINTURE"**.
- **Par défaut :** Non coché
- **Pour la valeur :** vous pouvez écrire ce qui va être affiché dans la propriété quand la case sera cochée et ce qui sera affiché quand elle ne sera pas cochée. Mettre **"OUI"** et **"NON"**.
- **Configurations** pour les propriétés personnalisées.

- Dans les **options avancées**, vous pouvez choisir de faire afficher ou cacher certains menus. Cliquez dans une zone (**"vérifié"** ou **"non coché"**) pour l'activer, et après cliquez sur un des menus, il sera automatiquement mis dans le cadre. Par cette action, le menu que vous avez sélectionné sera caché ou pas, et il apparaitra ou se cachera quand la case à cocher sera cochée. Cette option est pratique pour alléger le visuel du formulaire. Cela permet aussi de restreindre les informations à remplir uniquement avec celles qui sont en lien avec la donnée précédente, et ainsi d'éviter d'avoir des informations contradictoires.

- Pour l'exemple, laissez les indications par défaut, juste mettre la liste «**COULEUR** » dans les contrôles à rendre visible dans les « **options avancées** ».

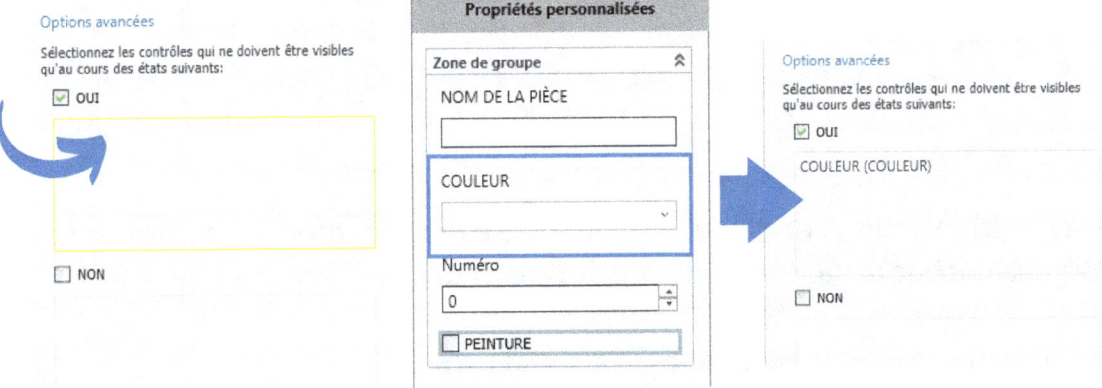

Pour remplir les options avancées, cliquez dans la case souhaitez

Puis choisir le contrôle dans la zone de groupe

▶ **5 eme CONTRÔLE :** Faire glisser **"Case option"** dans la **"zone de groupe"**

Ce contrôle vous permet de créer une liste de bouton à cocher.
Les boutons ont un nom d'étiquette, vous devez attribuez une valeur à chaque bouton.

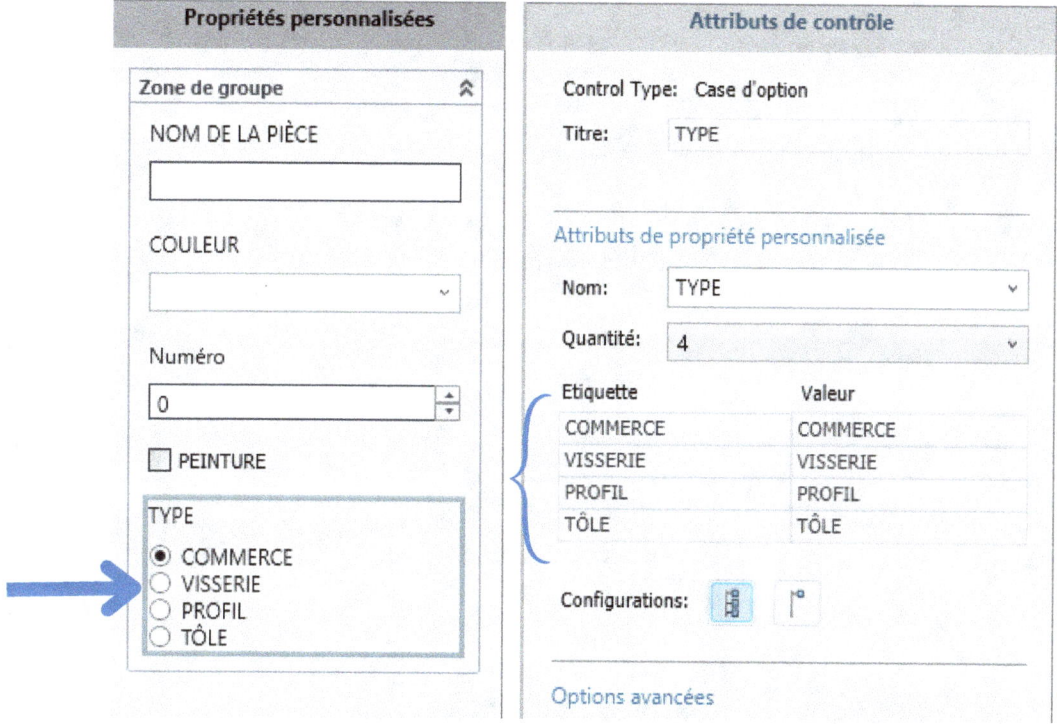

- **Pour le titre et le nom,** remplir **"TYPE"**.

- **Quantité:** Indiquez 4 et remplir comme ci-dessous .

- L'**Etiquette** est le nom pour la sélection, la valeur est l'information qui sera indiquée comme valeur dans la propriété.

6 eme CONTRÔLE : Faire glisser **"Groupe de liste"** dans la **"zone de groupe"**

- Ce contrôle fonctionne comme le contrôle « **liste** » si on choisit « **Fichier Excel** ». La différence est que l'on peut récupérer plusieurs listes dans un seul fichier Excel. On le remplira pas pour l'exemple.

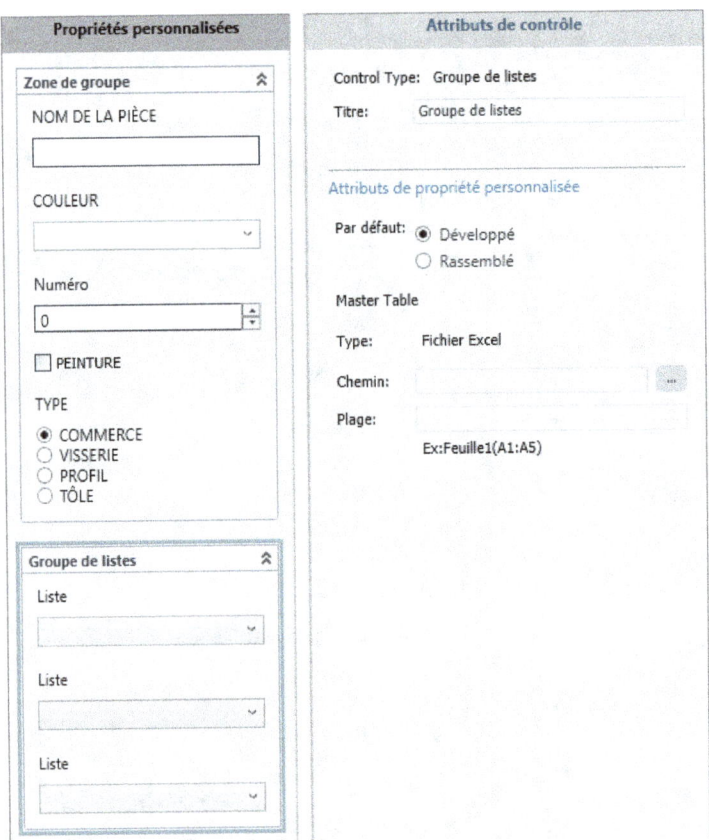

Et voila , votre formulaire est terminé !

Il ne vous reste plus qu'à le sauvegarder.

Enregistrez-le dans le dossier qui est proposé par défaut et nommez-le « **Propriété-part** ».

POUR ACCÉDER AU FORMULAIRE

Ouvrez une pièce et cliquez sur « **propriétés personnalisées** » dans le menu à droite.

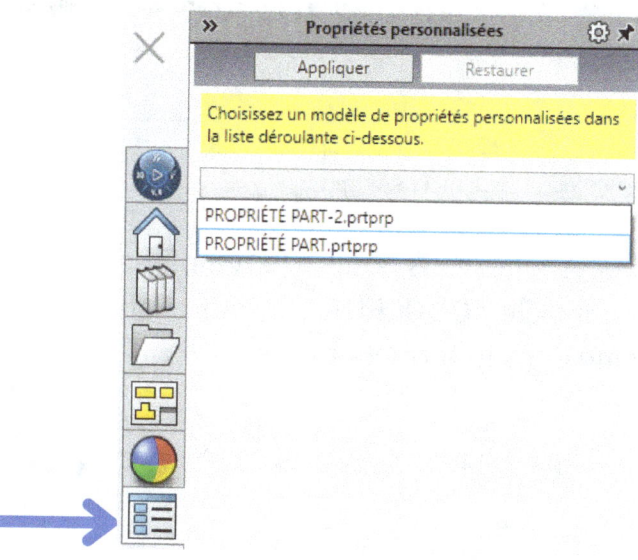

Si vous n'avez pas l'icône propriétés personnalisées

Faites un clic droit dans cette barre et cliquez sur « **personnalisé** ».

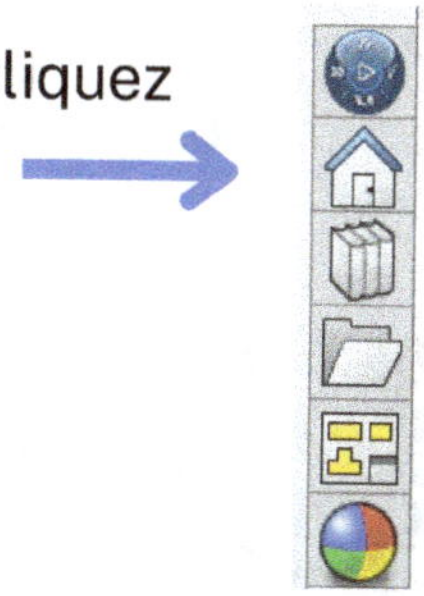

La liste apparaitra et vous pourrez sélectionner
« **Propriétés personnalisées** ».

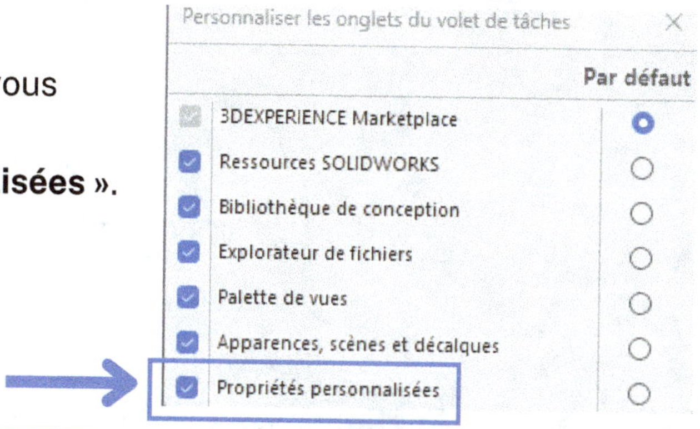

Dans la liste ,vous pouvez avoir plusieurs formulaire.
Choisir votre fichier **"PROPRIÉTÉ PART"** .

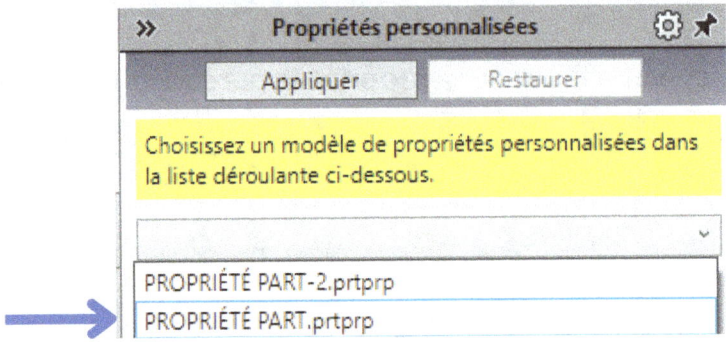

Votre formulaire s'affiche, vous pouvez le remplir.
Pour afficher le contrôle **"COULEUR"**, il faut cocher la case **"PEINTURE"** »
comme programmé dans le formulaire.

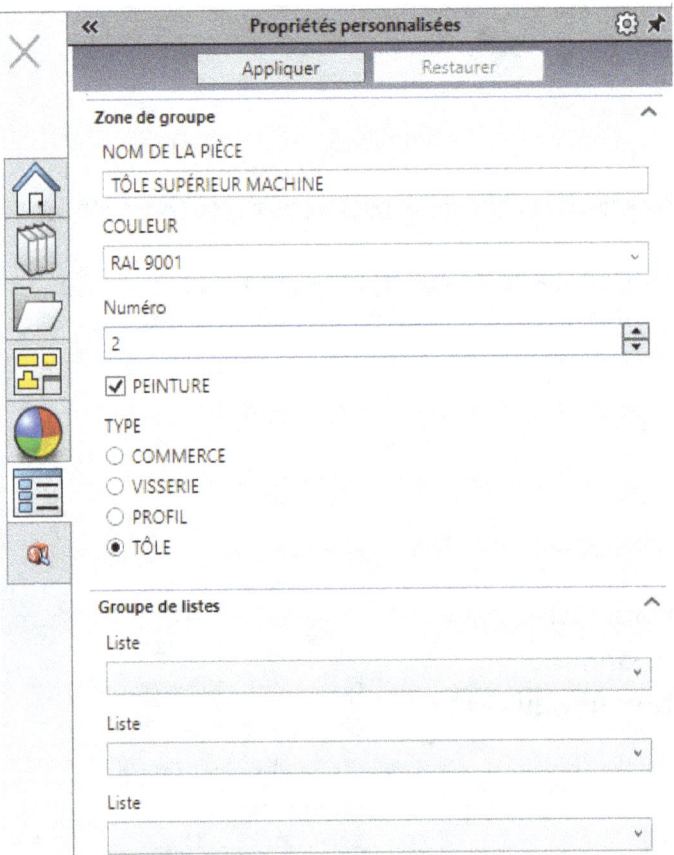

Ensuite, appuyer sur « **Appliquer** ».

Pour vérifier que les propriétés ont bien été remplies, cliquez sur **"Propriété"**

Les informations ont été copiées automatiquement dans les propriétés de la pièce dans l'onglet personnalisé.

	Nom de la propriété	Type	Valeur / Expression de texte	Valeur évaluée	
1	NOM	Texte	TÔLE SUPÉRIEUR MACHINE	TÔLE SUPÉRIEUR MACHINE	
2	COULEUR	Texte	RAL 9001	RAL 9001	
3	Numéro	Nombre	2	2	
4	PEINTURE	Texte	OUI	OUI	
5	TYPE	Texte	TÔLE	TÔLE	
6	<Tapez une nouvelle propriété				

LES AVANTAGES DU FORMULAIRE

- Pouvoir rentrer les informations directement depuis la fenêtre du fichier.
- Pré-enregistrer des données dans des listes
- Conditionner les informations à rentrer

> Maintenant que vous avez construit un formulaire pour les pièces, vous pouvez faire la même procédure pour faire des formulaires pour les assemblages, pour les mises en plan et pour les fichiers de pièces mécano-soudées.
> Il faut choisir le type quand vous créez votre formulaire.

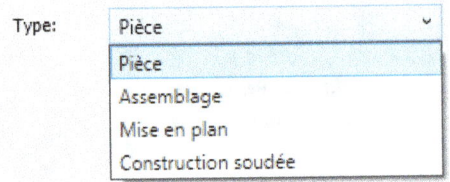

Bon à savoir si vous avez plusieurs formulaires.

Pour accéder aux différents formulaires, il faut faire un clic gauche sur l'icône « **option du modèle** » pour faire afficher la fenêtre.

Il est parfois nécessaire de cliquer sur " **Aucun**" quand vous faites un changement dans un de vos formulaire. Cela permet ainsi en resélectionnant votre formulaire de le recharger pour prendre en compte les modifications.

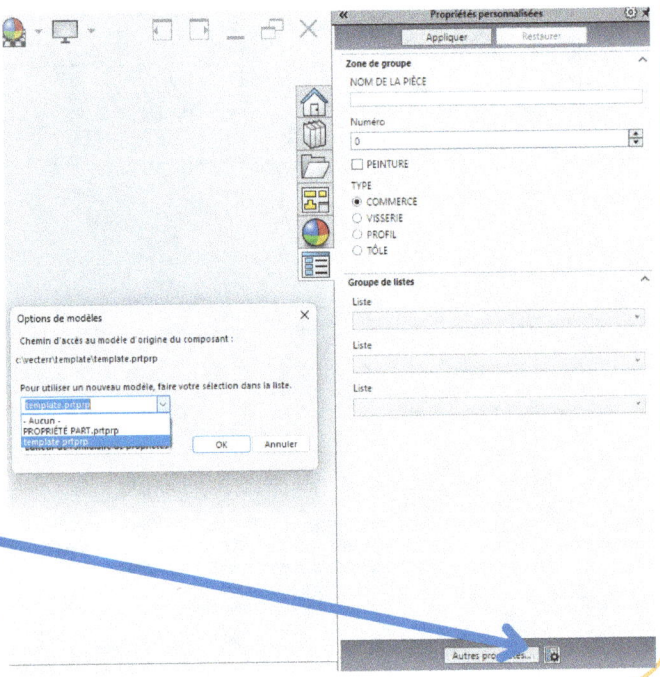

CONSEILS SUR L'UTILISATION DES FORMULAIRES

- Ne faire qu'un seul formulaire par type de fichier, sinon SolidWorks vous demandera tout le temps de choisir quel formulaire vous voulez. Donc des clics inutiles. Si vous voulez quand même avoir plusieurs formulaires du même type, ne laissez qu'un seul formulaire dans le dossier de recherche.

- **Pour indiquer le matériau des pièces plus efficacement:**
  Dans le formulaire de pièce, créer une zone de texte « **MATERIAL** ». Indiquez comme nom de propriété « **Material**» et liez-la à la valeur **[SW-Matériau]**.

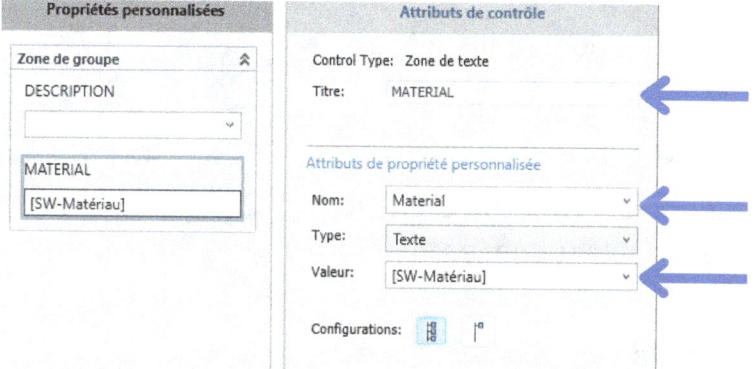

Quand vous ouvrirez le formulaire de votre fichier pièce, vous aurez ainsi la possibilité de choisir votre matériau dans la case « **MATERIAL**», et vous aurez aussi accès aux favoris de matière que vous avez préalablement rentré.

C'est aussi rapide que de choisir la matière dans l'arbre de création quand vous êtes dans un fichier pièce, mais l'avantage est quand vous serez dans un assemblage. Vous pourrez changer la matière des pièces depuis l'assemblage sans les ouvrir. Vous cliquez sur une pièce dans l'assemblage et ses propriétés apparaitront dans le volet **"Propriétés personnalisées"**.

> **Si vous voulez avoir la même valeur de matériaux pour plusieurs pièces:**
> ->Ouvrez l'assemblage et sélectionnez toutes les pièces en maintenant la touche **"Ctrl"**.
> ->Rentrez ensuite une valeur de matériau et elle sera appliquée aux pièces sélectionnées.

Sélectionnez les pièces

Les "***" signifient que les valeurs sont différentes entre les pièces sélectionnées.

Indiquer la valeur commune à plusieurs pièces

Cela fonctionne avec n'importe quelle propriété, une même valeur peut être appliquée en un clic à plusieurs pièces depuis le fichier d'assemblage.

- **Pour nommer les pièces soudées :**
Si vous utilisez la fonction « **élément mécano-soudé** », vous aurez une pièce avec plusieurs corps, comme par exemple cette table.

Pour accéder aux propriétés des pièces soudées, faire un clic droit sur une des pièces soudées, puis choisir « **Propriété** ».

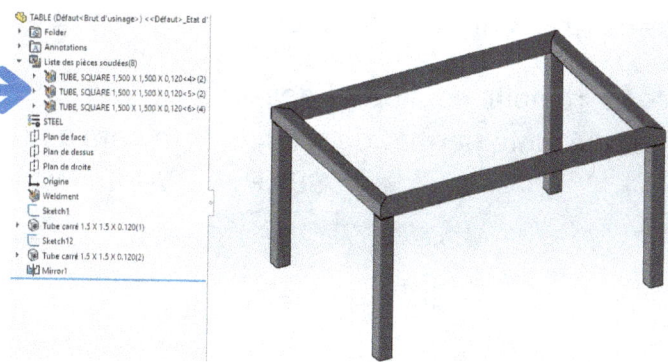

La fenêtre ci-dessous s'affichera.

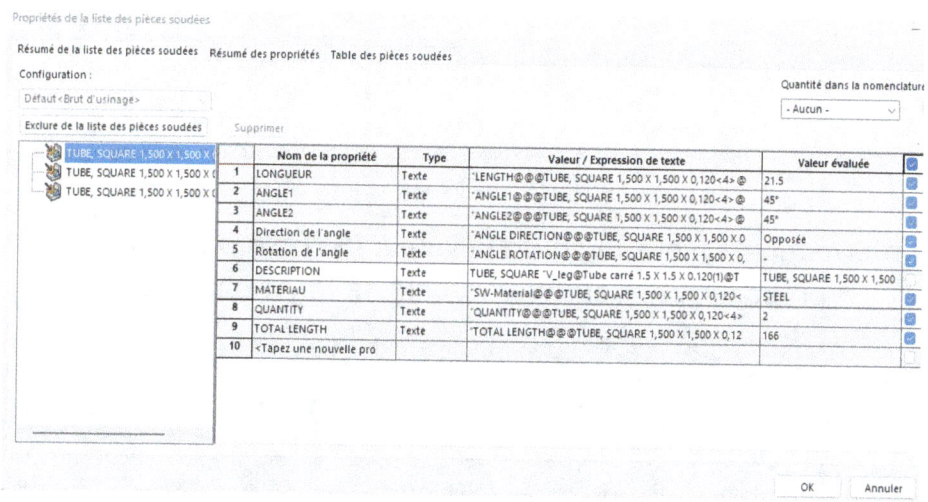

On retrouve plusieurs informations créées automatiquement, mais il n'y a pas de nom pour cette pièce soudée, il faut créer une propriété.

La logique pour nommer cette pièce soudée serait de lui donner le même nom que le fichier pièce et de lui rajouter un numéro.

Afin d'éviter d'inscrire à chaque fois le nom manuellement, vous pouvez créer une propriété qui reprend le nom du fichier et vous n'aurez qu'à rajouter un numéro.

Comment créer une propriété qui reprend le nom du fichier

-> Créer un formulaire pour la construction soudée.

Allez dans « **ressources Soliworks** » puis « **éditeur de formulaire de propriété** » comme détaillé au début du chapitre.

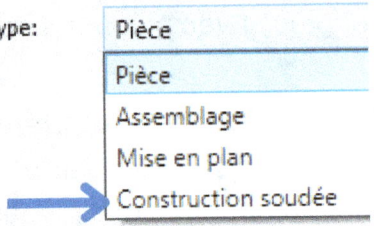

-> Le remplir comme ci-dessous et surtout remplir la case valeur comme indiqué. Cela permet de récupérer le nom du fichier Pièce.

$PRP : "SW-File Name"

Pour information, si vous indiquez la valeur **[SW-Nom de fichier]** qui est proposée par SolidWorks, cela ne fonctionne pas.

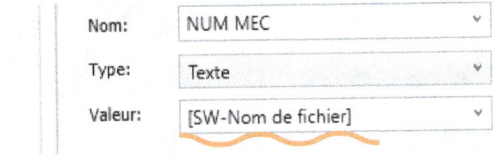

-> Enregistrer et fermer votre formulaire, l'extension est en **.wldprp**.

-> Retourner ensuite dans votre pièce mécano-soudé pour utiliser le formulaire.

Pour faire afficher le formulaire des pièces soudées:
Il faut faire un clic sur la pièce dans la liste de pièces soudées et ensuite cliquer sur « **propriétés personnalisées** ».

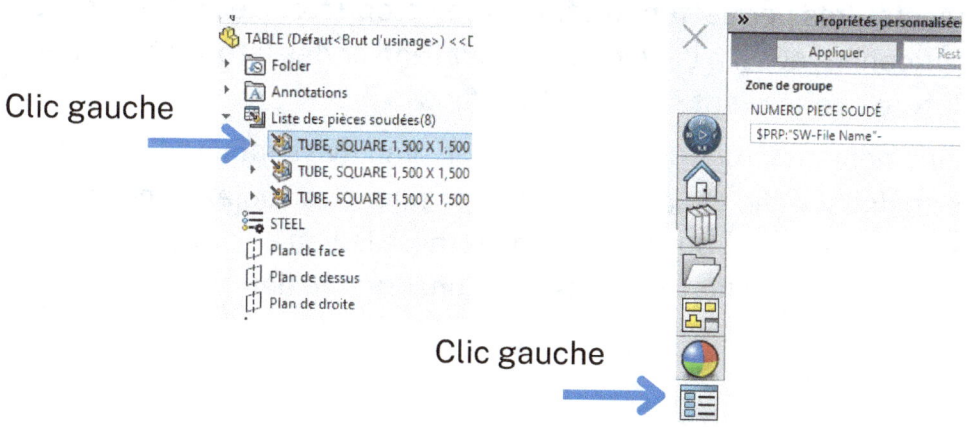

-> Rajoutez le numéro 01 et cliquer sur **"Appliquez"**.

Le nom va se créer automatiquement.

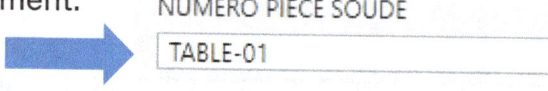

Si vous retournez dans les propriétés de la pièce soudée, vous aurez la nouvelle propriété **(NUM MEC)** complétée.

	Nom de la propriété	Type	Valeur / Expression de texte	Valeur évaluée	
1	LONGUEUR	Texte	"LENGTH@@@TUBE, SQUARE 1,500 X 1,50	21.5	☑
2	ANGLE1	Texte	"ANGLE1@@@TUBE, SQUARE 1,500 X 1,50	45°	☑
3	ANGLE2	Texte	"ANGLE2@@@TUBE, SQUARE 1,500 X 1,50	45°	☑
4	Direction de l'angl	Texte	"ANGLE DIRECTION@@@TUBE, SQUARE 1,	Opposée	☑
5	Rotation de l'angl	Texte	"ANGLE ROTATION@@@TUBE, SQUARE 1,	-	☑
6	DESCRIPTION	Texte	TUBE, SQUARE "V_leg@Tube carré 1.5 X 1.	TUBE, SQUARE 1,500 X	
7	MATERIAU	Texte	"SW-Material@@@TUBE, SQUARE 1,500 X	STEEL	☑
8	QUANTITY	Texte	"QUANTITY@@@TUBE, SQUARE 1,500 X 1,	2	☑
9	TOTAL LENGTH	Texte	"TOTAL LENGTH@@@TUBE, SQUARE 1,50	166	☑
10	NUM MEC	Texte	$PRP:"SW-File Name"-01	TABLE-01	
11	<Tapez une nouve				

Vous pouvez ainsi nommer de façon simple et rapide les différentes pièces de votre mécano-soudée.

SOLUTION #3

La dernière solution consiste à remplir les propriétés depuis une nomenclature.
Les nomenclatures permettent d'afficher les propriétés des pièces, mais elles fonctionnent aussi à l'inverse. On peut rentrer des informations dans la nomenclature et elles vont s'enregistrer dans la pièce.

-> Créer une nomenclature dans une mise en plan d'assemblage
-> Faites un double-clic gauche dans la case que vous voulez remplir.
Une fenêtre apparait et vous propose de rompre le lien.
Il ne faut pas rompre le lien, choisissez **" Conserver le lien"**.

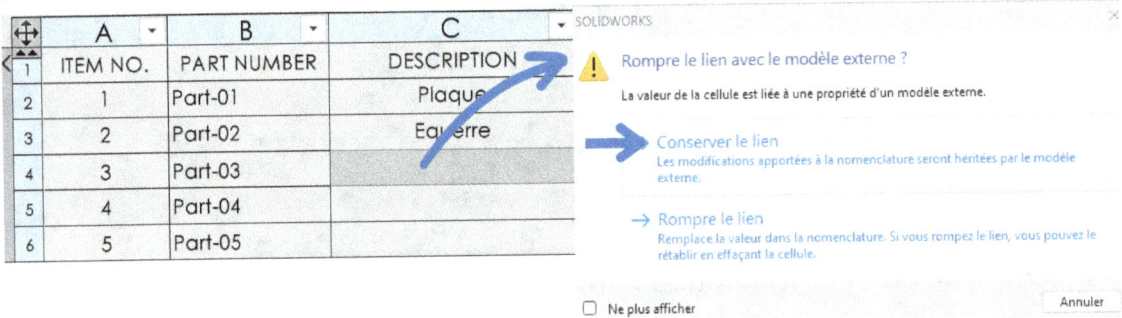

-> Inscrivez la valeur que vous souhaitez, elle sera automatiquement rentré dans le fichier pièce.

ITEM NO.	PART NUMBER	DESCRIPTION	Material	QTY.
1	Part-01	Plaque	ALUMINIUM	1
2	Part-02	Equerre	ALUMINIUM	1
3	Part-03	Plaque latéral	ALUMINIUM	1
4	Part-04		ALUMINIUM	1

-> Vous pouvez ensuite aller voir dans les propriétés de la pièce pour vérifier que cela à bien fonctionner. N'oubliez pas d'enregistrer

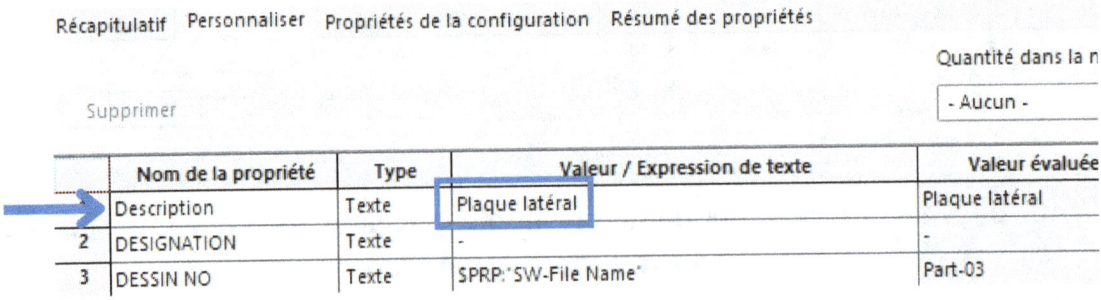

CHAPITRE 11
AJOUTER LES QUANTITÉS SUR LES PLANS DE PIÈCES

Quand vous faites une nomenclature, les valeurs de quantité ne sont pas liées aux pièces. La seule information de quantité est dans le fichier d'assemblage.

Dans ce chapitre, je vous présente une solution qui vous permet d'avoir la quantité dans chaque mise de plan de pièce.

Comment procéder:

- Au départ, il vous faut un assemblage.
- Ensuite, ouvrez une de vos pièces et créez une propriété qui s'appellera « **Qté-fab** » par exemple. (Voir **chapitre 9** pour la création de propriété).
- Et rentrer la valeur **"1"**

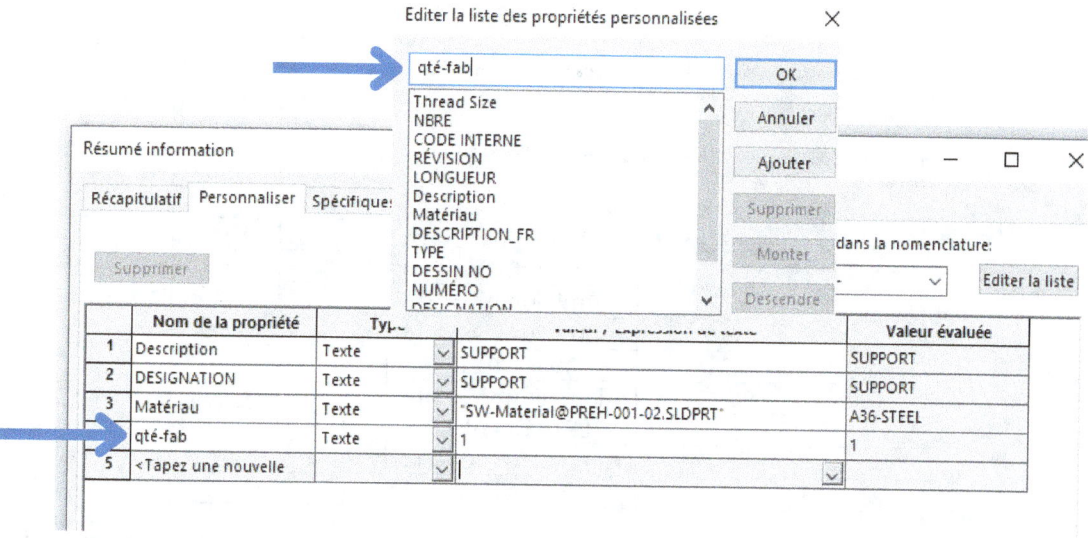

- Retournez ensuite dans votre assemblage et faites une mise en plan avec une nomenclature en sélectionnant les « **pièces uniquement** ».

- Cliquez ensuite dans le haut de la table pour rajouter une colonne à gauche de la colonne « **QTÉ** »
- Double-cliquez sur le haut de la colonne pour pouvoir la lier à une propriété. Choisissez « **Qté-fab** », cette propriété existe, car elle est au moins dans une des pièces de votre assemblage.

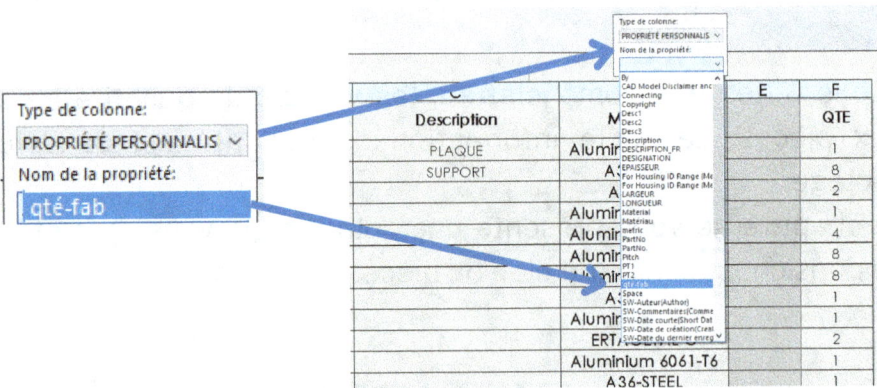

- La colonne sera vide à part sur la ligne où vous avez rentré la valeur 1.
- Ensuite, sélectionnez toutes les valeurs dans la colonne **"QTÉ"** en cliquant sur la première valeur en haut et la dernière valeur en bas et en maintenant la touche **"Ctrl"**. Ne prenez que les valeurs des pièces à fabriquer, pas celles des pièces commerciales.

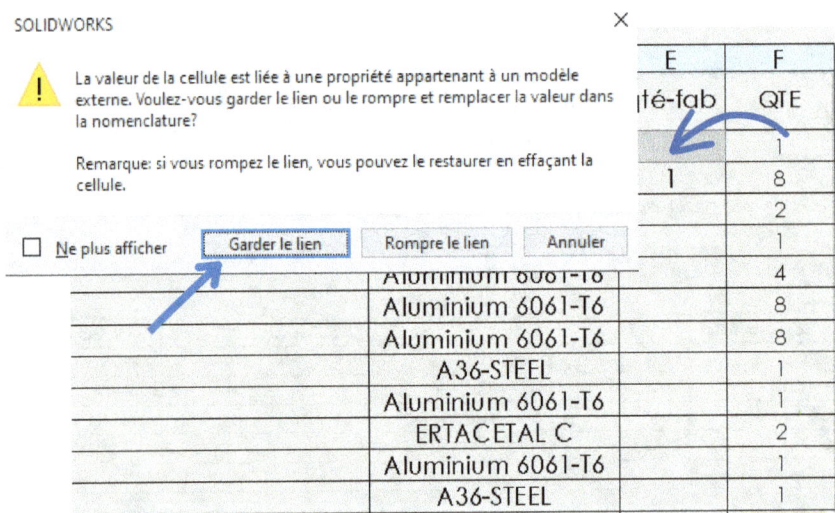

- Faites « **Ctrl** » + « **C** » pour copier les valeurs. Faites ensuite un clic droit dans la première case de la colonne « **qté-fab** » et faites « **Ctrl** » + « **V** » pour coller toutes les valeurs en gardant bien le lien.

- Vous avez à présent 2 colonnes identiques.

C	D	E	F
Description	MATERIAL	qté-fab	QTE
PLAQUE	Aluminium 6061-T6	1	1
SUPPORT	A36-STEEL	8	8
	AISI 1015	2	2
	Aluminium 6061-T6	1	1
	Aluminium 6061-T6	4	4
	Aluminium 6061-T6	8	8
	Aluminium 6061-T6	8	8
	A36-STEEL	1	1
	Aluminium 6061-T6	1	1
	ERTACETAL C	2	2
	Aluminium 6061-T6	1	1
	A36-STEEL	1	1

- Faites «**Enregistrer tout** ».
- A part de ce moment, dans chaque pièce, il y a la propriété « **qté-fab** » avec la quantité.

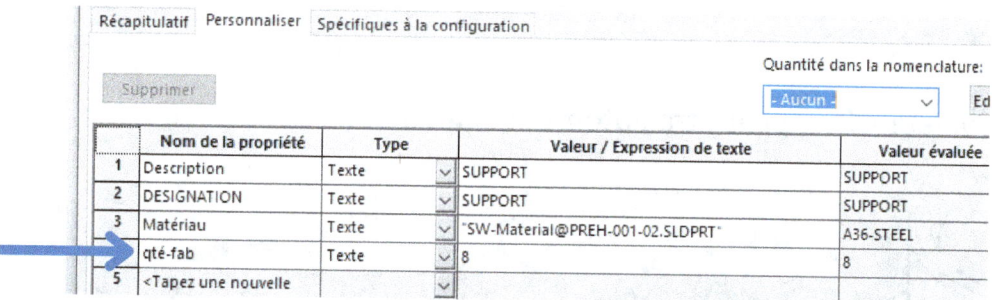

- Allez ensuite dans la mise en plan de votre pièce pour rajouter la note de quantité. Cliquer sur **"NOTE"**, posez la note sur la mise en plan et ajouter le texte " **QTÉ=**" dans la note

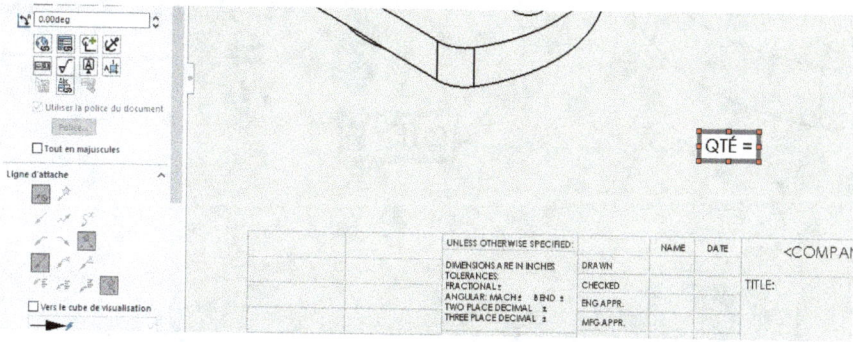

- Liez la note avec la propriété « **qté-fab** » en cliquant sur « **Lier à la propriété** ». Choisir ensuite « **modèle trouvé ici** », "**vue de mise en plan spécifiée dans les propriétés**" et sélectionner « **qté-fab** ».

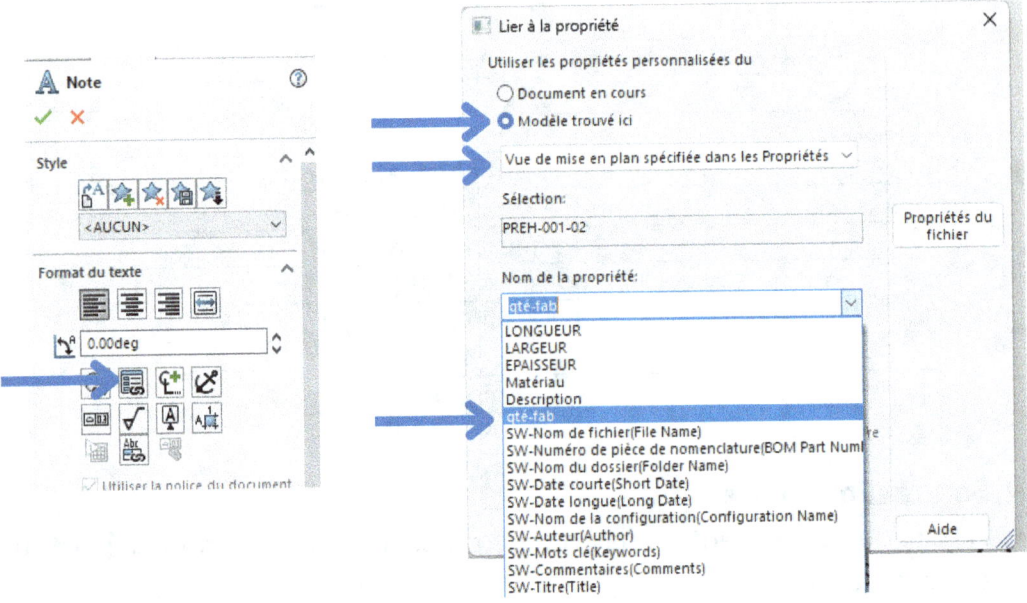

- La valeur « **8** » apparaitra automatiquement.

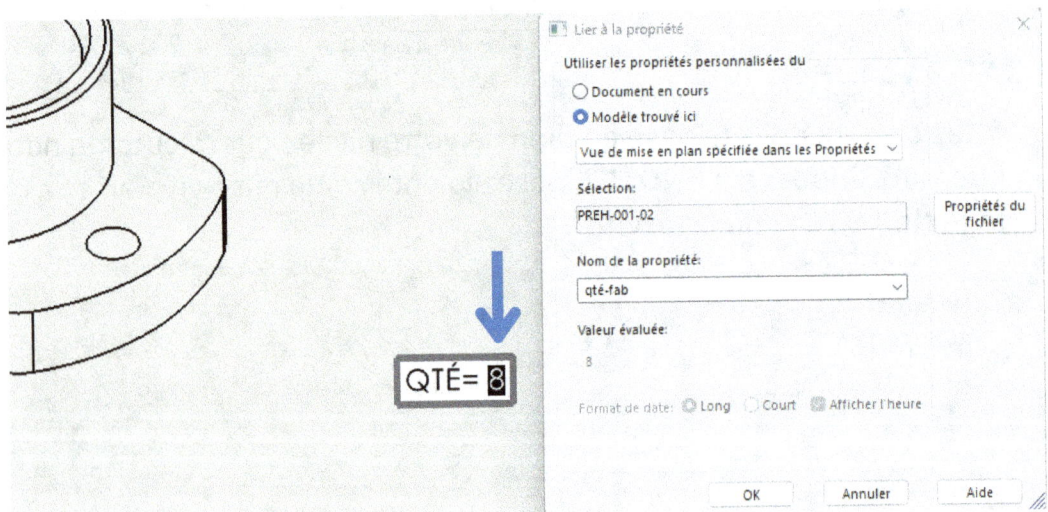

La seule chose à faire attention est que les quantités sont créées à un moment donné, généralement quand le projet est terminé.
Si vous rajoutez des pièces après, il faudra refaire la copie des quantités, car ce n'est pas automatique.
Mais cela reste une opération assez rapide.

- **À PENSER POUR LA NOTE « QTÉ »,:**

Pour l'exemple, nous avons rajouté la note à la fin de la mise en plan, mais il faudra la faire sur votre mise en plan de base. Vous pouvez aussi l'intégrer directement dans votre cartouche.

PARTIE 4

LE MÉCANO-SOUDÉ

Le but de ce chapitre est d'obtenir de manière simple une liste de pièces soudées avec toutes les informations nécessaires pour la fabrication.
La majeure partie des informations sera remplie automatiquement.
Cela permet de gagner du temps et d'évite aussi de faire des erreurs.

- **Dans le chapitre 12**, je vais vous expliquer comment fonctionnent les fichiers de profil ***.SLDFP** et comment les créer.

- **Dans le chapitre 13**, je vais vous expliquer comment gérer les propriétés des différents corps du mécano-soudé.

- **Dans le chapitre 14**, nous allons voir comment avoir une liste de pièces soudées complète et exploitable pour la fabrication.

Le résultat sera une liste comme ci-dessous, la seule information remplie manuellement est le numéro dans le nom **"CHASSIS-.."** (encadré orange).

La difficulté avec Solidworks est d'avoir une seule propriété commune pour les **"DIMENSIONS"** des trois corps différents : **PROFIL-EXTRUSION-TÔLERIE**

No.ARTICLE	No PIECE	DIMENSION	LONGUEUR (mm)	MATERIAU	QTÉ
1	CHASSIS 01	TUBE ROND 33,7 mm x 2,0 mm	450	ASTM A500	1
2	CHASSIS 02	TUBE ROND 33,7 mm x 2,0 mm	736.9	ASTM A500	1
3	CHASSIS 03	TUBE ROND 12,0 mm x 1,5 mm	44	ASTM A500	2
4	CHASSIS 04	TUBE ROND 33,7 mm x 2,0 mm	450	ASTM A500	1
5	CHASSIS 05	TUBE ROND 21,3 mm x 2,0 mm	250	ASTM A500	1
6	CHASSIS 06	TUBE ROND 21,3 mm x 2,0 mm	2220	ASTM A500	1
7	CHASSIS 07	TUBE ROND 21,3 mm x 2,0 mm	2194.8	ASTM A500	1
8	CHASSIS 08	TOLE 33.7 mm x 33,7 mm x 4 mm		S235	1
9	CHASSIS 09	TOLE 240 mm x 43,6 mm x 1,5 mm		S235	1
10	CHASSIS 10	PLAQUE 99 mm x 80 mm x 5 mm		CSA G40.21 44W	1
11	CHASSIS 11	PLAQUE 21,3 mm x 21,3 mm x 3 mm		CSA G40.21 44W	2

CHAPITRE 12
LES PROFILÉS

Pour dessiner un mécano-soudé, vous avez 2 possibilités : soit vous dessinez des pièces et vous faites un fichier d'assemblage pour votre mécano-soudé, ou soit vous utilisez la fonction **"Élément mécano-soudé"**.
Dans ce chapitre, nous allons voir cette fonction.

Pour dessiner un mécano-soudé, vous aurez besoin de fichiers de profilé ***.sldfp.** Dans SolidWorks, il y a déjà une base qu'il faut utiliser pour commencer.

Pour voir où les fichiers sont rangés, allez dans :
Options du système > Emplacements des fichiers > Profils de la construction soudée

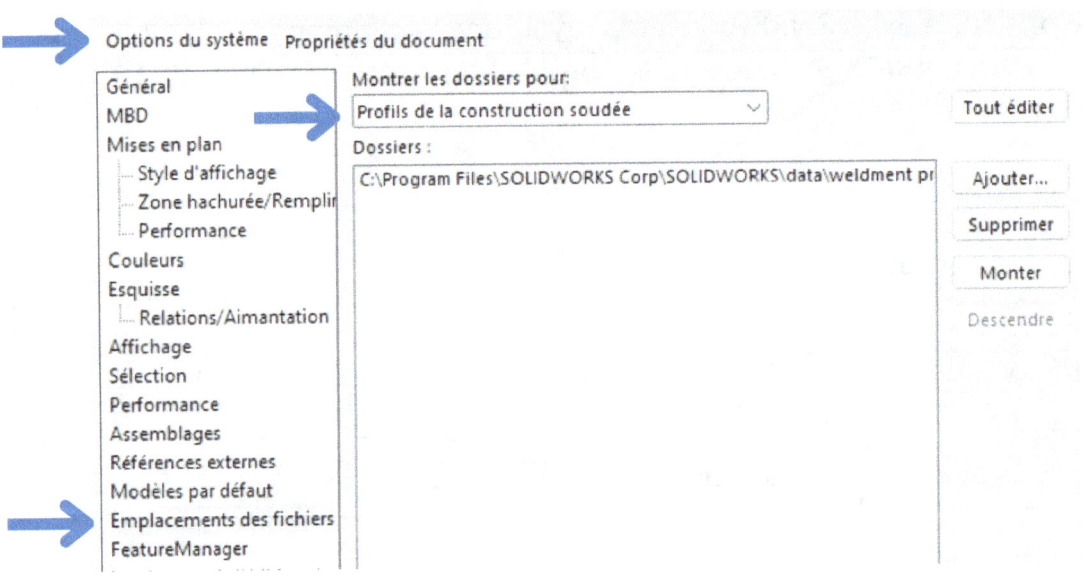

Le dossier s'appelle **"weldment profiles"**, le chemin sera géneralement celui ci-dessous.

Programmes > SOLIDWORKS Corp > SOLIDWORKS > data > weldment profiles

Je vous conseille fortement de copier ce dossier **"weldment profiles"** et de le mettre dans un dossier en dehors du dossier **"Programmes"**, car vous n'aurez peut-être pas la possibilité de le modifier à cause des autorisations, et vous pouvez garder ainsi la base de profil Solidworks intacte si besoin.

Il faudra ajouter le nouveau chemin dans les « **Options du système** » comme présenté dans la fenêtre page 78 pour aller chercher la copie du dossier et supprimer le lien par défaut du dossier de base des profilés.

Sinon, vous aurez 2 bases et cela risque d'être mélangeant.

Remplacez ce chemin par celui de votre copie du fichier **"weldment profiles"**

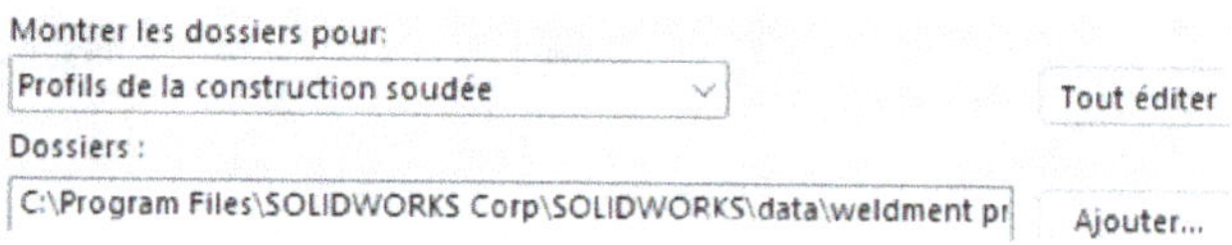

Montrer les dossiers pour :
Profils de la construction soudée
Dossiers :
C:\Program Files\SOLIDWORKS Corp\SOLIDWORKS\data\weldment pr

Tout éditer
Ajouter...

Voici l'arborescence que doit avoir le fichier ***.sldlfp** pour être affiché dans le menu **"Élément mécano-soudé"**.

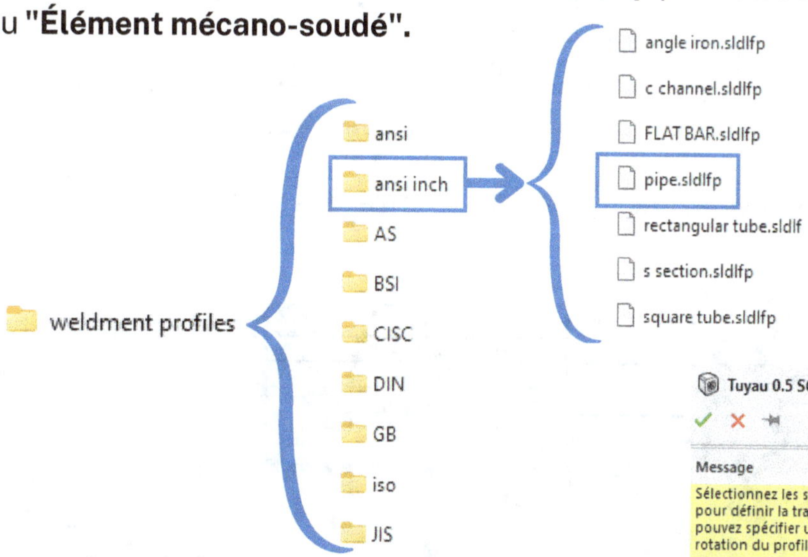

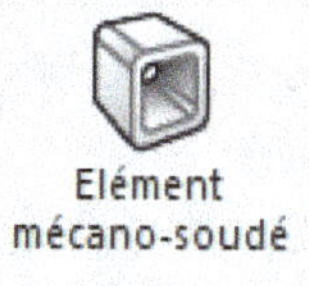

weldment profiles
- ansi
- ansi inch
  - angle iron.sldlfp
  - c channel.sldlfp
  - FLAT BAR.sldlfp
  - pipe.sldlfp
  - rectangular tube.sldlf
  - s section.sldlfp
  - square tube.sldlfp
- AS
- BSI
- CISC
- DIN
- GB
- iso
- JIS

Elément mécano-soudé

Nom du dossier ➔ ansi inch
Nom du fichier ➔ pipe
La taille est géré avec des configurations ➔ 0.5 sch 40

Tuyau 0.5 SCH 40(1)

Message
Sélectionnez les segments d'esquisse pour définir la trajectoire. Vous pouvez spécifier un angle pour la rotation du profil.

Sélections
Norme : ansi inch
Type : pipe
Taille : 0.5 sch 40

Transférer le matériau à partir du profil : Matériau <non spécifié>

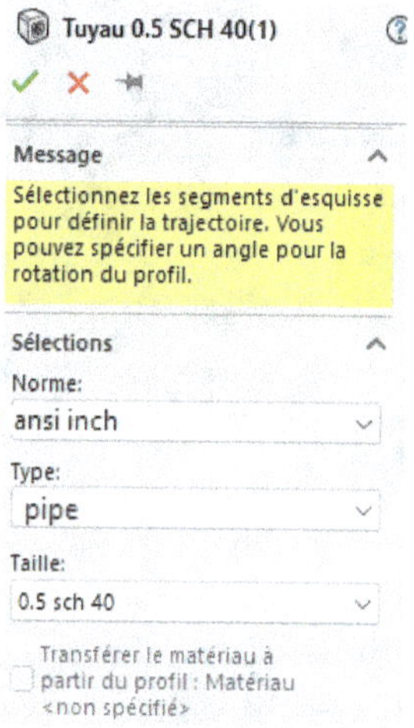

CRÉATION DE NOUVELLES TAILLES DE PROFIL À PARTIR D'UN PROFIL EXISTANT

- Ouvrez un fichier ***.Sldlfp** qui se trouve dans un sous dossier du dossier **"Weldement profiles"**.(pour l'exemple , j'ai pris le fichier **"pipe"**)
- Allez dans l'onglet « **configurations** » et cliquez sur « **configuration table** » puis « **afficher la table** ».

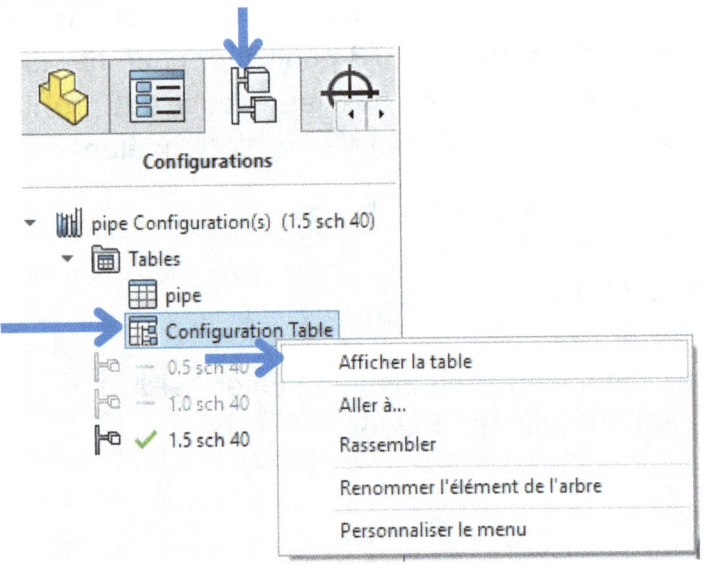

- Créez une nouvelle configuration et entrez les valeurs.

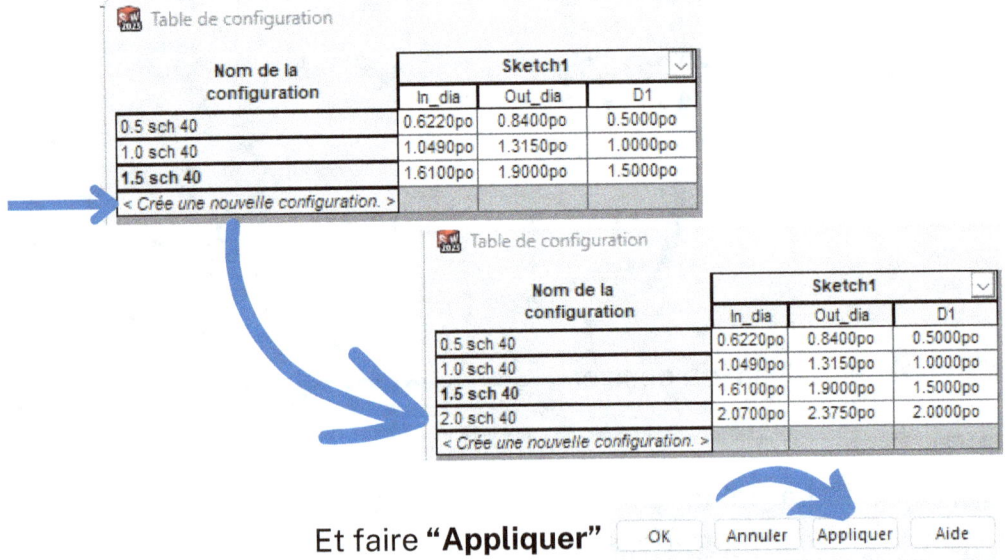

Et faire **"Appliquer"**

Votre nouvelle taille s'est créée dans la liste des configurations.

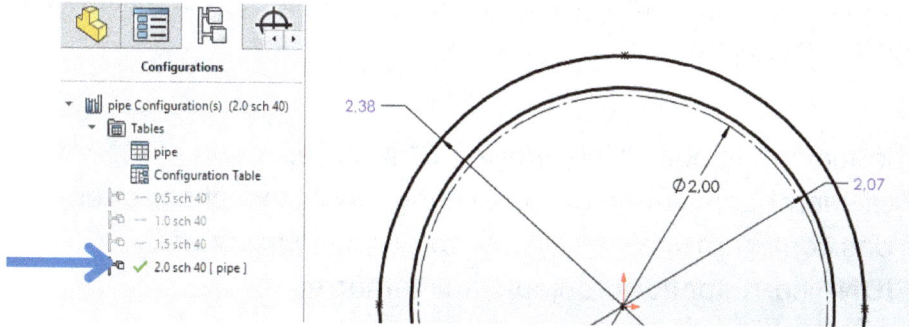

> Pour finir, nous allons rajouter une propriété qui s'appellera « **DIMENSION** », elle sera utile pour la suite. Sa valeur sera lié à la cote de diamètre.

- Faire un clic droit sur **"Sketch1"** et faire **"Editer l'esquisse"**.
- Gardez l'esquisse ouverte et cliquez ensuite sur « **Propriété du fichier** » dans la barre en haut.

- Editez la liste pour rajouter la propriété **"DIMENSION"**, cliquez sur l'onglet **"PERSONALISER".**

- Dans la case « **valeur** », écrivez « **PIPE SCH 40 -** » et cliquez juste après sur la côte de diamètre **"2,00"**.

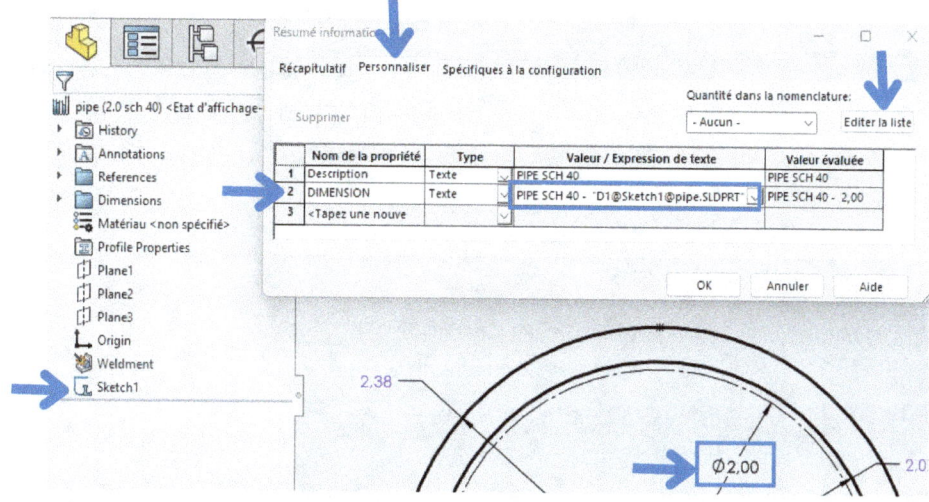

81

 Comme vous êtes en même temps dans l'édition de l'esquisse et des propriétés, vous pouvez faire passer les valeurs de l'esquisse dans les propriétés.

- Automatiquement, le code **"D1@Sketch…"** se crée.
- Ce code va chercher la valeur de cette côte. La côte va changer en fonction des configurations, et ainsi la valeur de la propriété « **DIMENSION** » correspondra toujours au diamètre.

Afin d'uniformiser votre bibliothèque de profil, Il faudra rajouter cette propriété « **DIMENSION** » aux autres profils. Ça sera généralement une copie de la propriété **"Description"** avec une valeur de cote en plus.

Pourquoi créer cette propriété "DIMENSION"?

On crée cette nouvelle propriété, car le nom « **description** » est utilisé pour les propriétés des pièces et pour les propriétés des corps et cela pose des problèmes. Cela empêche de récupérer la valeur **"Description"** du corps dans certains cas.

CRÉATION DE NOUVEAUX PROFILS

Vous pouvez aussi créer votre profil en partant de zéro.
Pour cela, ouvrez une nouvelle pièce, enregistrez-la en ***.Sldlfp** dans un sous dossier du dossier **"Weldment profil"**. Vous pouvez créer un nouveau dossier de norme si vous le souhaitez, mais gardez toujours cette arborescence:

Weldment profil (dossier)
      -> Nouvelle norme (dossier)
           -> Nouveau type (fichier .Sldlfp)

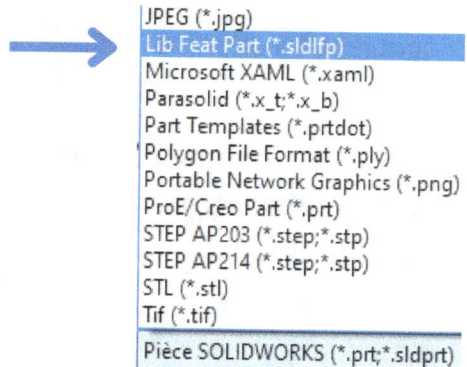

- Dans votre fichier .Sldlfp dessinez une esquisse avec des points (9) et des cotes. Les points seront les points de placement du profil.

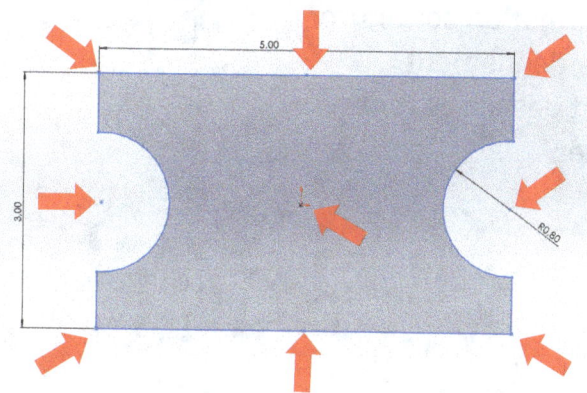

- Sélectionnez l'esquisse dans l'arbre avec un clic droit et faites « **Ajouter à la bibliothèque** ».

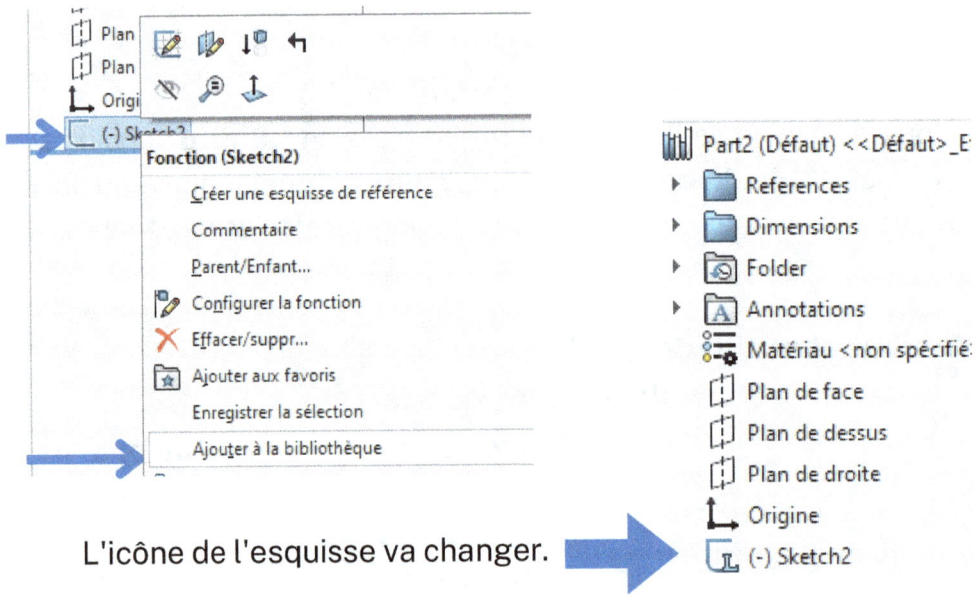

L'icône de l'esquisse va changer.

- Dans la barre supérieur, cliquez sur l'onglet "**Insértion**" > "**Systèmes de structure**" > "**Point de rencontre...**"

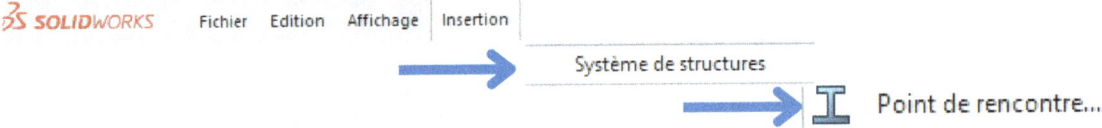

Le menu "**Profile Properties**" va s'afficher dans l'arbre.

Ce menu vous permet de configurer les points de positionnement.
Faire un clic droit dessus et faire "**Editer la fonction**".

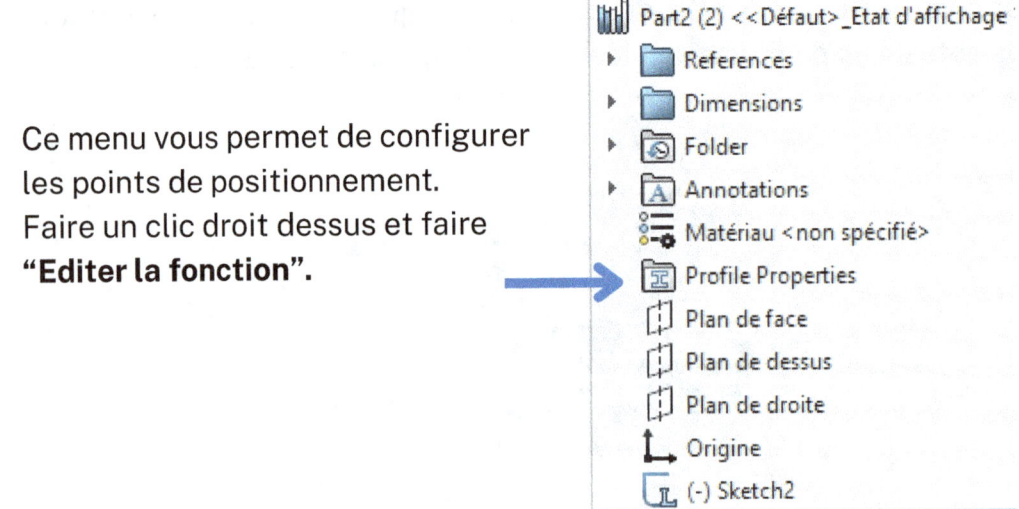

- Sélectionnez chaque point de placement et attribuez lui sa position. Faire cela pour les 9 points.

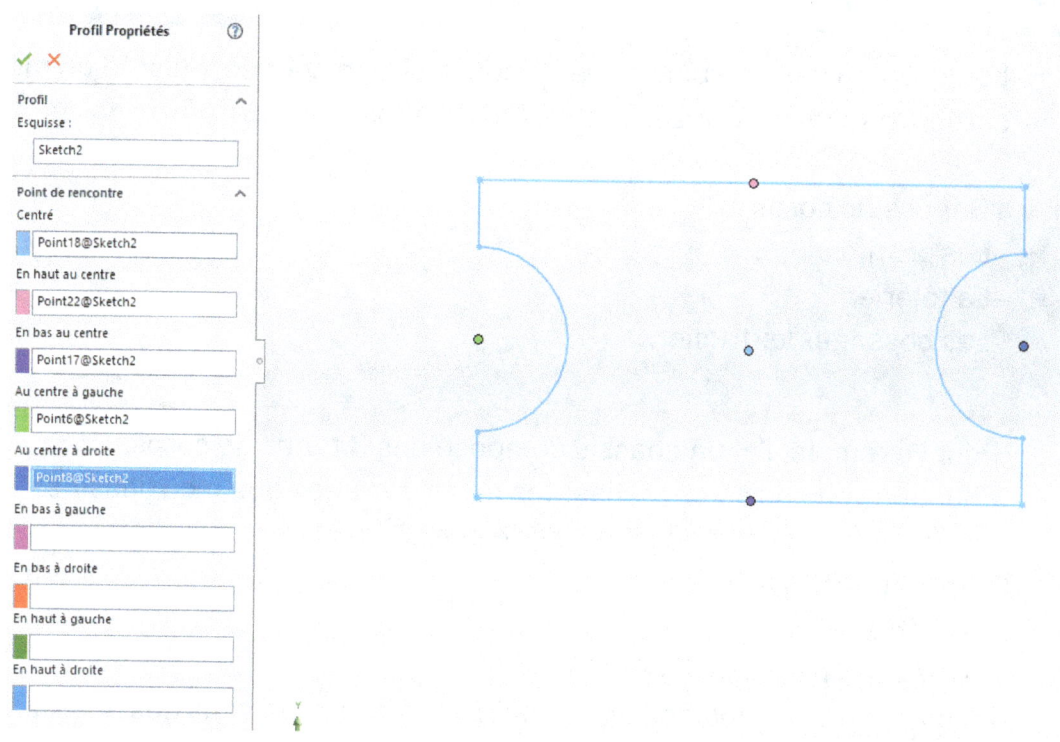

Et voilà, c'est terminé pour votre profil !

Enregistrez-le et il sera dorénavant utilisable pour réaliser des pièces mécano-soudées.

Pour créer différentes tailles, il vous suffira d'ajouter des configurations en modifiant les cotes et de compléter les propriétés. (Comme expliqué dans le paragraphe précédent)

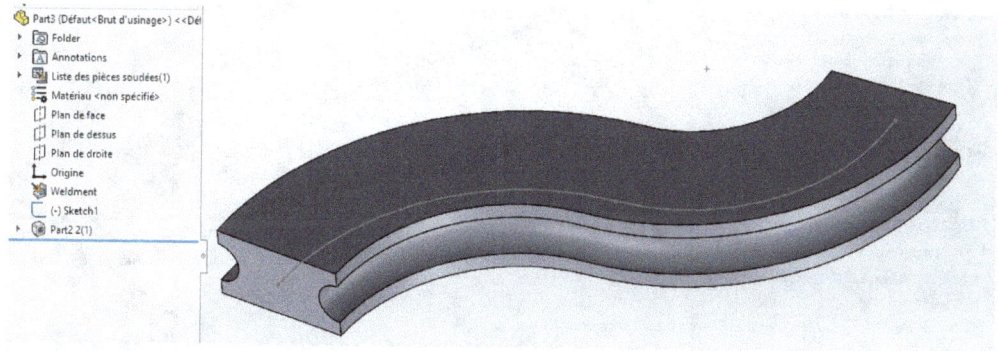

CHAPITRE 13
LES PROPRIÉTÉS

- Lorsque l'on dessine une pièce en construction soudée, on crée un multi-corps. Chaque corps a ses propres propriétés.

Il y a 3 types de corps :
- -Les profiles
- -La tôlerie
- -Les bossages/extrusion

> Pour l'exemple, j'ai un châssis composé des 3 types de corps.
> Pour que vous puissiez réaliser les mêmes étapes que moi, dessinez une pièce composée des 3 types de corps:
> -> **EXTRUSION**
> -> **TOLERIE**
> -> **MÉCANO-SOUDÉ (PROFIL)**
> La forme, les dimensions et le nombre de corps que vous dessinerez n'ont aucune importance.

- Pour afficher les propriétés des corps, faites un clic droit sur un corps et cliquez sur « **Propriété** ».

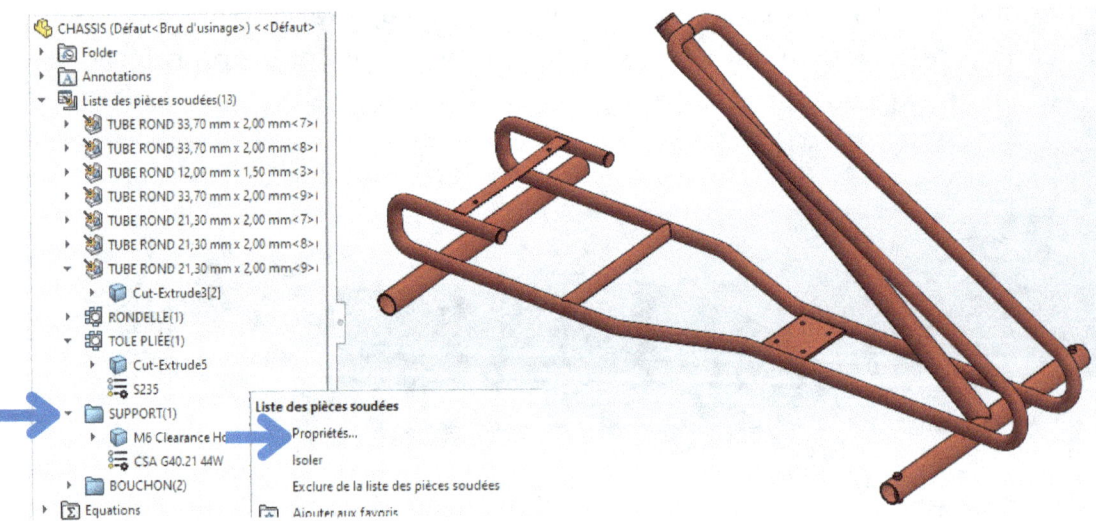

LES DIFFÉRENTES PROPRIÉTÉS

Propriété des profils

#	Nom de la propriété	Type	Valeur / Expression de texte	Valeur évaluée
1	LONGUEUR	Texte	"LENGTH@@@TUBE ROND 33,70 mm x 2,00 mm<7>@CHASSIS.SLDPRT"	450
2	ANGLE1	Texte	"ANGLE1@@@TUBE ROND 33,70 mm x 2,00 mm<7>@CHASSIS.SLDPRT"	0°
3	ANGLE2	Texte	"ANGLE2@@@TUBE ROND 33,70 mm x 2,00 mm<7>@CHASSIS.SLDPRT"	0°
4	Direction de l'angle	Texte	"ANGLE DIRECTION@@@TUBE ROND 33,70 mm x 2,00 mm<7>@CHASSIS.SLD	-
5	Rotation de l'angle	Texte	"ANGLE ROTATION@@@TUBE ROND 33,70 mm x 2,00 mm<7>@CHASSIS.SLD	-
6	Description	Texte	TUBE ROND "Out_dia@Tube rond TUBE ROND Ø33.7 X 2 MM(1)@CHASSIS.SL	TUBE ROND 33,70 mm x 2,00 mm
7	DIMENSION	Texte	TUBE ROND "Out_dia@Tube rond TUBE ROND Ø33.7 X 2 MM(1)@CHASSIS.SL	TUBE ROND 33,70 mm x 2,00 mm
8	MATERIAU	Texte	"SW-Material@@@TUBE ROND 33,70 mm x 2,00 mm<7>@CHASSIS.SLDPRT"	ASTM A500
9	QUANTITY	Texte	"QUANTITY@@@TUBE ROND 33,70 mm x 2,00 mm<7>@CHASSIS.SLDPRT"	1
10	TOTAL LENGTH	Texte	"TOTAL LENGTH@@@TUBE ROND 33,70 mm x 2,00 mm<7>@CHASSIS.SLDPR	1636.85
11	<Tapez une nouvelle p			

Propriété des tôles

#	Nom de la propriété	Type	Valeur / Expression de texte	Valeur évaluée
1	Longueur du flanc de t	Texte	"SW-Longueur du flanc de tôle@@@TOLE PLIÉE@CHASSIS.SLDPRT"	240
2	Largeur du flanc de tôl	Texte	"SW-Largeur du flanc de tôle@@@TOLE PLIÉE@CHASSIS.SLDPRT"	43.62
3	Epaisseur de tôlerie	Texte	"SW-Epaisseur de tôlerie@@@TOLE PLIÉE@CHASSIS.SLDPRT"	1.5
4	Surface du flanc de tôl	Texte	"SW-Surface du flanc de tôle@@@TOLE PLIÉE@CHASSIS.SLDPRT"	10468.73
5	Surface du flanc de tôl	Texte	"SW-Surface du flanc de tôle brut@@@TOLE PLIÉE@CHASSIS.SLDPRT"	10400.3
6	Longueur à découper	Texte	"SW-Longueur à découper extérieure@@@TOLE PLIÉE@CHASSIS.SLDPRT"	567.24
7	Longueur à découper	Texte	"SW-Longueur à découper des boucles intérieures@@@TOLE PLIÉE@CHASSI	41.47
8	Découpes	Texte	"SW-Découpes@@@TOLE PLIÉE@CHASSIS.SLDPRT"	2
9	Plis	Texte	"SW-Plis@@@TOLE PLIÉE@CHASSIS.SLDPRT"	1
10	Zone de pliage	Texte	"SW-Zone de pliage@@@TOLE PLIÉE@CHASSIS.SLDPRT"	0.5
11	MATERIAU	Texte	"SW-Matériau@@@TOLE PLIÉE@CHASSIS.SLDPRT"	S235
12	Masse	Texte	"SW-Masse@@@TOLE PLIÉE@CHASSIS.SLDPRT"	120.65
13	Description	Texte	Sheet	Sheet
14	Rayon de pliage	Texte	"SW-Rayon de pliage@@@TOLE PLIÉE@CHASSIS.SLDPRT"	2
15	Traitement de surface	Texte	"SW-Traitement de surface@@@TOLE PLIÉE@CHASSIS.SLDPRT"	Finition <non spécifiée>
16	Cost-CoûtTotal	Texte	"SW-Cost-CoûtTotal@@@TOLE PLIÉE@CHASSIS.SLDPRT"	0
17	QUANTITY	Texte	"QUANTITY@@@TOLE PLIÉE@CHASSIS.SLDPRT"	1
18	Gabarits de tôlerie	Texte	"SW-Gabarits de tôlerie@@@TOLE PLIÉE@CHASSIS.SLDPRT"	Gabarit <non spécifié>

Propriété des bossages/extrusions

#	Nom de la propriété	Type	Valeur / Expression de texte	Valeur évaluée
1	MATERIAU	Texte	"SW-Material@@@SUPPORT@CHASSIS.SLDPRT"	CSA G40.21 44W
2	QUANTITY	Texte	"QUANTITY@@@SUPPORT@CHASSIS.SLDPRT"	1
3	<Tapez une nouvelle p			

- On remarque qu'il manque des informations pour les tôles et les corps extrudés.
- Pour les profils, toutes les informations sont là (le type de profil et la longueur), car nous avons déjà créé la propriété **"DIMENSION"** qui est une copie de la propriété **"Description"**.
- On ne peut pas utiliser la propriété **"Description"** pour notre liste de pièces soudées, car pour la tôlerie, elle affiche soit **"Sheet"** ou soit une valeur que l'on rentrerait manuellement.
- Et le but est que nous ayons toutes les informations de dimensions sans les remplir manuellement et qu'elles soient dans la même propriété pour pouvoir les traiter plus facilement après.

REMPLIR LES PROPRIÉTÉS AUTOMATIQUEMENT

1 ère ÉTAPE:

▶ Nous allons rajouter la propriété **"DIMENSION"** pour les corps extrudés qui se remplira automatiquement.

Pour avoir les dimensions d'un corps extrudé, il faut créer un **"cube de visualisation"**.

-> Faire un clic droit sur le corps extrudé dans l'arbre et choisir « **Créer un cube de visualisation** ».

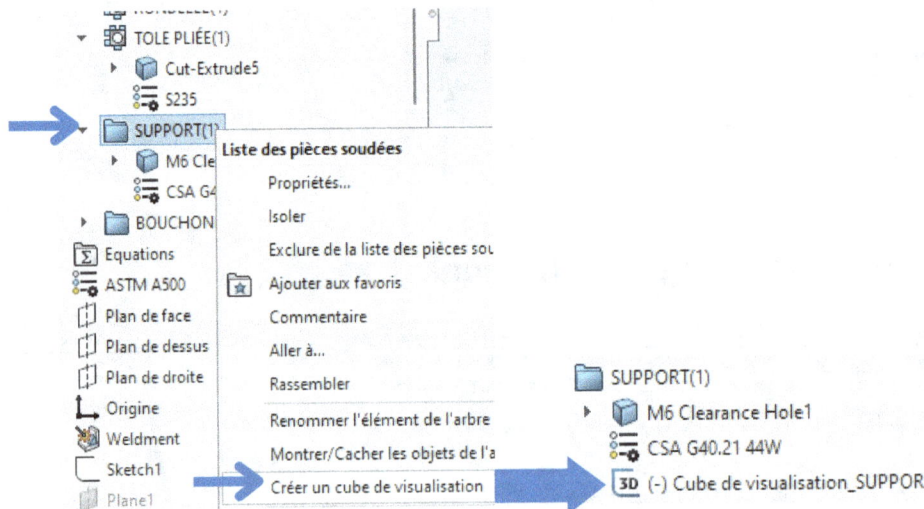

- Allez dans les propriétés du corps, les dimensions du corps se sont rajoutées. Nous allons avoir besoin des valeurs de longueur, de largeur et d'épaisseur. La propriété **"Description"** s'est aussi créée avec les dimensions, mais ce n'est pas celle-la que nous allons utilisée.

	Nom de la propriété	Type	Valeur / Expression de texte	Valeur évaluée	
1	MATERIAU	Texte	"SW-Material@@@SUPPORT@CHASSIS.SLDPRT"	CSA G40.21 44W	
2	QUANTITY	Texte	"QUANTITY@@@SUPPORT@CHASSIS.SLDPRT"	1	
3	Description	Texte	TOLE, "SW-Epaisseur" x "SW-Largeur" x "SW-Longueur"	TOLE, 5 x 80 x 99	
4	3D-Epaisseur du cub	Texte	"SW-3D-Epaisseur du cube de visualisation@@@SUPPORT@CHASSIS.SLDPR	5	
5	3D-Largeur du cube	Texte	"SW-3D-Largeur du cube de visualisation@@@SUPPORT@CHASSIS.SLDPRT"	80	
6	3D-Longueur du cub	Texte	"SW-3D-Longueur du cube de visualisation@@@SUPPORT@CHASSIS.SLDPR	99	
7	3D-Volume du cube	Texte	"SW-3D-Volume du cube de visualisation@@@SUPPORT@CHASSIS.SLDPRT"	39600	
8	<Tapez une nouvelle				

- Désélectionner les liens en cliquant dans la case à cocher pour pouvoir copier le texte.
- Rajouter la propriété « **DIMENSION** ». Dans la case «**Valeur**», écrivez «**PLAQUE**» et faites un copier-coller des 3 textes des cases «**Valeur**» pour la longueur, la largeur et l'épaisseur en rajoutant « **mm** » et le signe de multiplication « **x** ».

	Nom de la propriété	Type	Valeur / Expression de texte	Valeur évaluée		
1	MATERIAU	Texte	"SW-Material@@@SUPPORT@CHASSIS.SLDPRT"	CSA G40.21 44W		
2	QUANTITY	Texte	"QUANTITY@@@SUPPORT@CHASSIS.SLDPRT"	1		
3	Description	Texte	TOLE, "SW-Epaisseur" x "SW-Largeur" x "SW-Longueur"	TOLE, 5 x 80 x 99		
4	3D-Epaisseur du cub	Texte	"SW-3D-Epaisseur du cube de visualisation@@@SUPPORT@CHASSIS.SLDPR	5		
5	3D-Largeur du cube	Texte	"SW-3D-Largeur du cube de visualisation@@@SUPPORT@CHASSIS.SLDPRT"	80		
6	3D-Longueur du cub	Texte	"SW-3D-Longueur du cube de visualisation@@@SUPPORT@CHASSIS.SLDPR	99		
7	3D-Volume du cube	Texte	"SW-3D-Volume du cube de visualisation@@@SUPPORT@CHASSIS.SLDPRT"	39600		
	DIMENSION	Texte	PLAQUE "SW-3D-Longueur du cube de visualisation@@@SUPPORT@CHASSI	PLAQUE 99 mm x 80 mm x 5 mm		

- Sélectionner ensuite toute la ligne de la propriété **"DIMENSION"** et faire un **"Ctrl"+"C"** pour la copier.
- Aller dans l'arbre de création et faire un clic droit sur **"Weldment"** et choisir « **Propriétés** ».

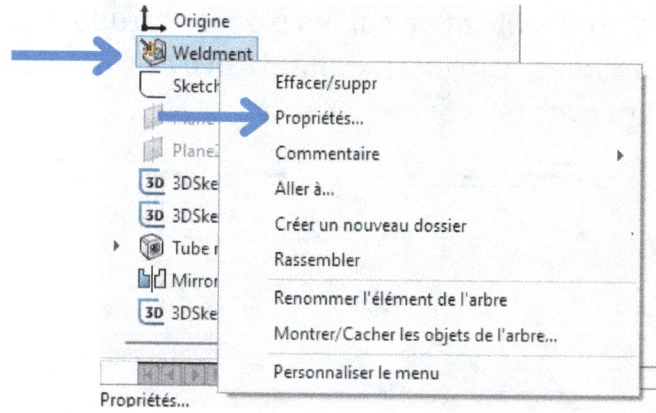

- La fenêtre s'ouvre, cliquez dans la case "1" et faire "Ctrl" + "v" pour coller la ligne complète et cliquer sur **"OK"**.

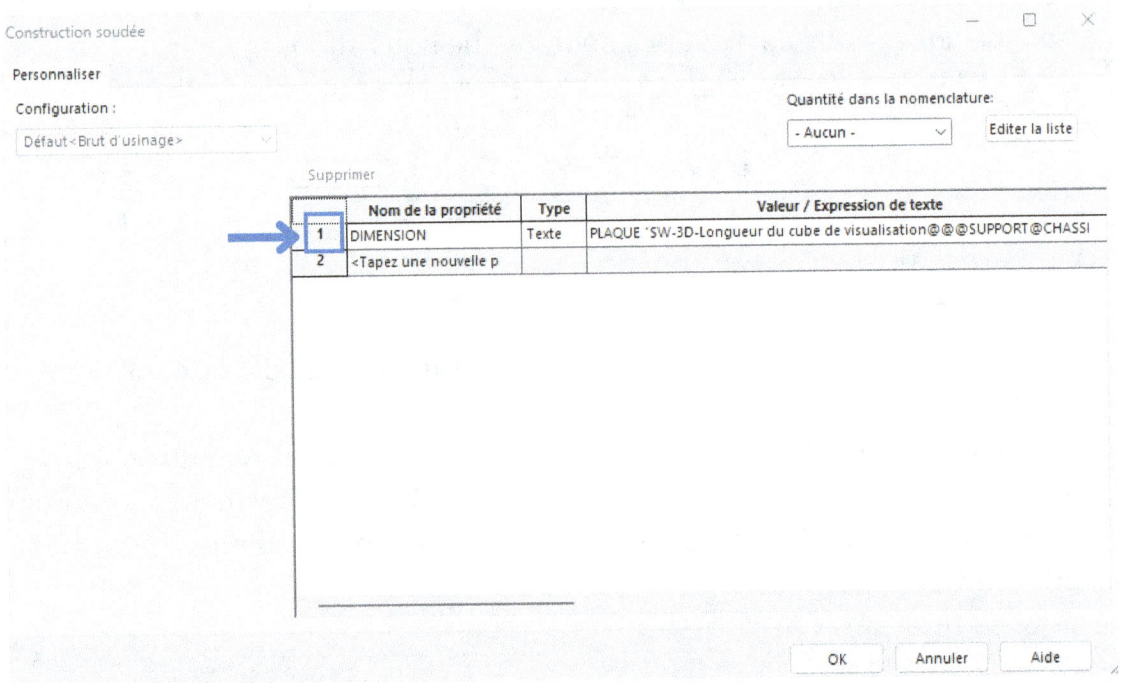

 **Pour information** : les propriétés que vous ajoutez dans ce tableau vont se rajouter dans les propriétés des pièces de la liste des pièces soudées.

Ce qu'on vient de faire maintenant devra être fait dans votre fichier de base de pièce **(*.prtdot),** sinon, vous devrez copier à chaque fois tout ce texte pour la propriété « **DIMENSION** ».

- Faites les cubes de visualisation sur les pièces extrudées et allez dans les propriétés, on voit que la ligne « **DIMENSION** » s'est rajoutée automatiquement avec les bonnes valeurs.

90

- Par contre, pour la pièce en tôle pliée, la valeur n'est pas complétée, car il n'y a pas de cube de visualisation. On ne peut pas faire de cube de visualisation sur une pièce de tôlerie, car cela ne prend pas en compte le déplié.

- Supprimez les lignes « **DIMENSIONS** » que vous aurez dans les propriétés de toutes les pièces de tôlerie.

2 ème ÉTAPE :

▶ Nous allons rajouter la propriété **"DIMENSION"** pour les corps de tôlerie, qui se remplira automatiquement.

Pour cela, nous allons créer un formulaire de propriété pour les constructions soudées. (voir **chapitre 9**, et **solution 2** pour les détails de la création de formulaires).

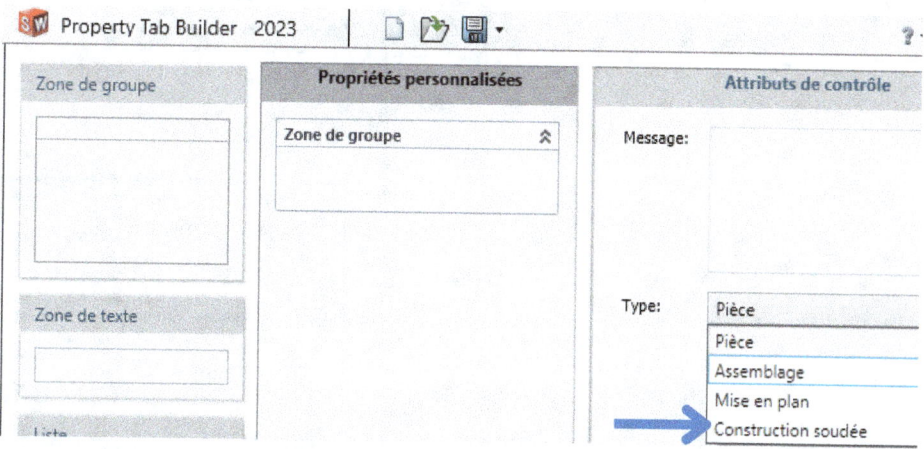

- Construisez et remplissez le formulaire Construction soudée comme ci-dessous.

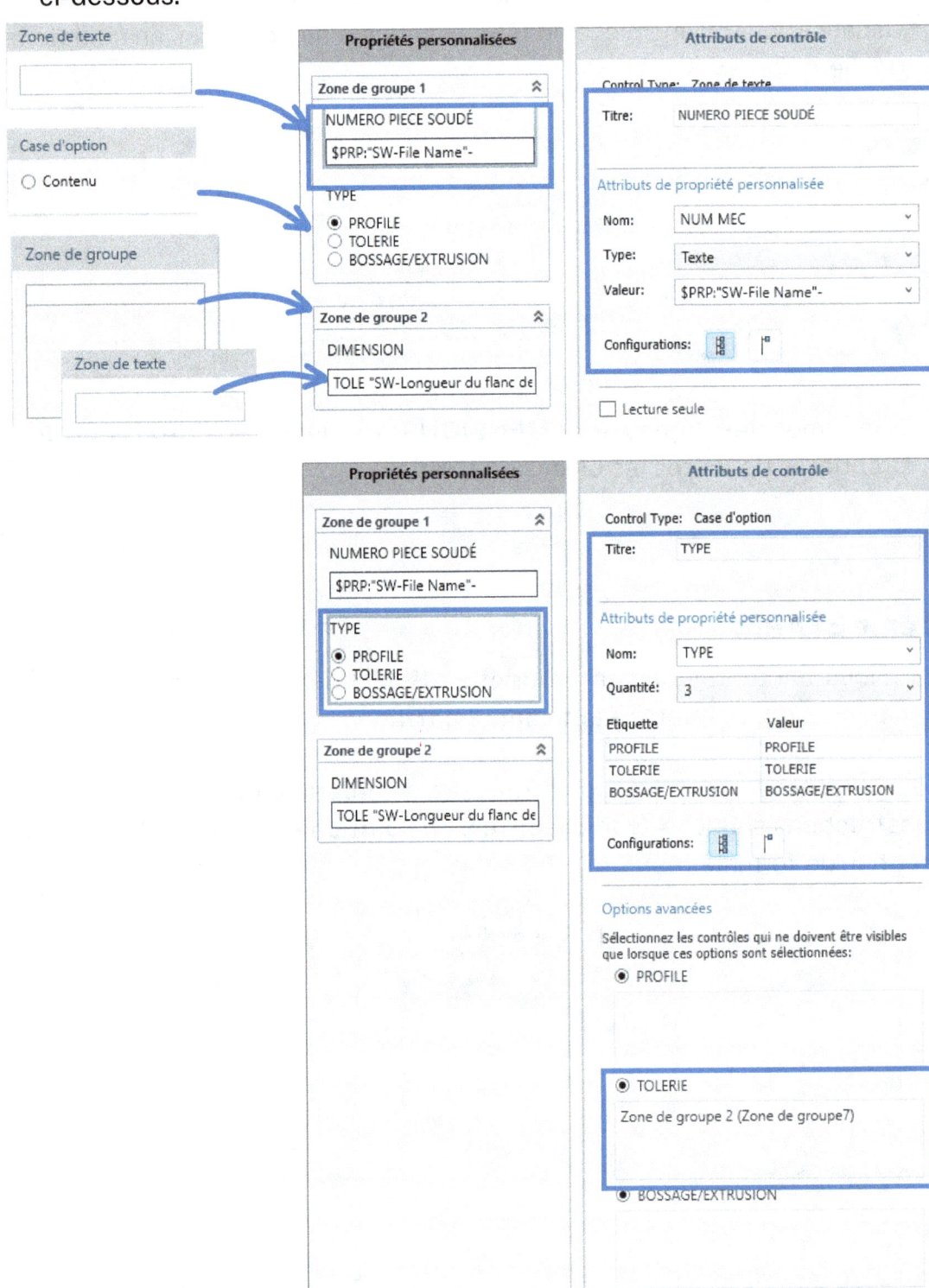

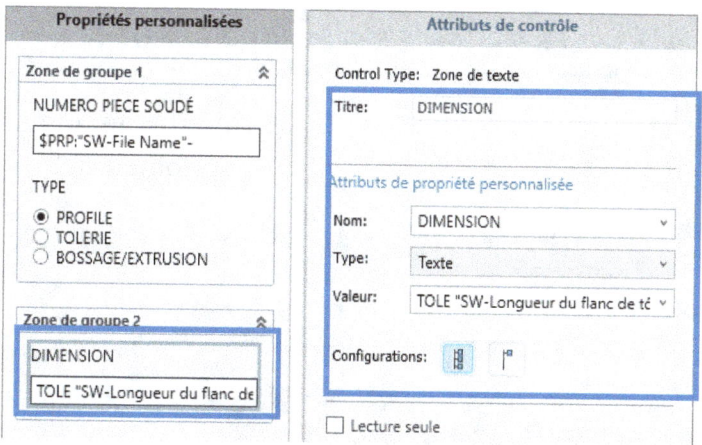

- Pour le texte dans la case **"valeur"**, il faut copier le code qui reprend les informations des dimensions d'une pièce de tôlerie. On trouve ces informations dans les propriétés des pièces soudées.

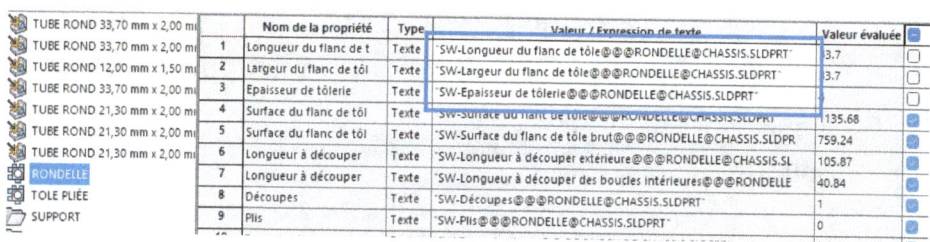

Au final, vous aurez quelque chose comme cela.
En gras, c'est du texte rajouté.

> **TOLE** "SW-Longueur du flanc de tôle@tôle.SLDPRT" **mm x** "SW-Largeur du flanc de tôle@tôle.SLDPRT" **mm x** "SW-Epaisseur de tôlerie@ tôle.SLDPRT" **mm**

- Et j'ai remplacé le texte **"@@RONDELLE@CHASSIS"** par **"tôle"**, ça fonctionne pareil.

Et voila, c'est terminé!
Vous pouvez utiliser le formulaire.

Pour rentrer les propriétés, il vous suffit d'ouvrir votre pièce mécano-soudée et de remplir votre formulaire.

LES PROPRIÉTÉS POUR UN PROFIL

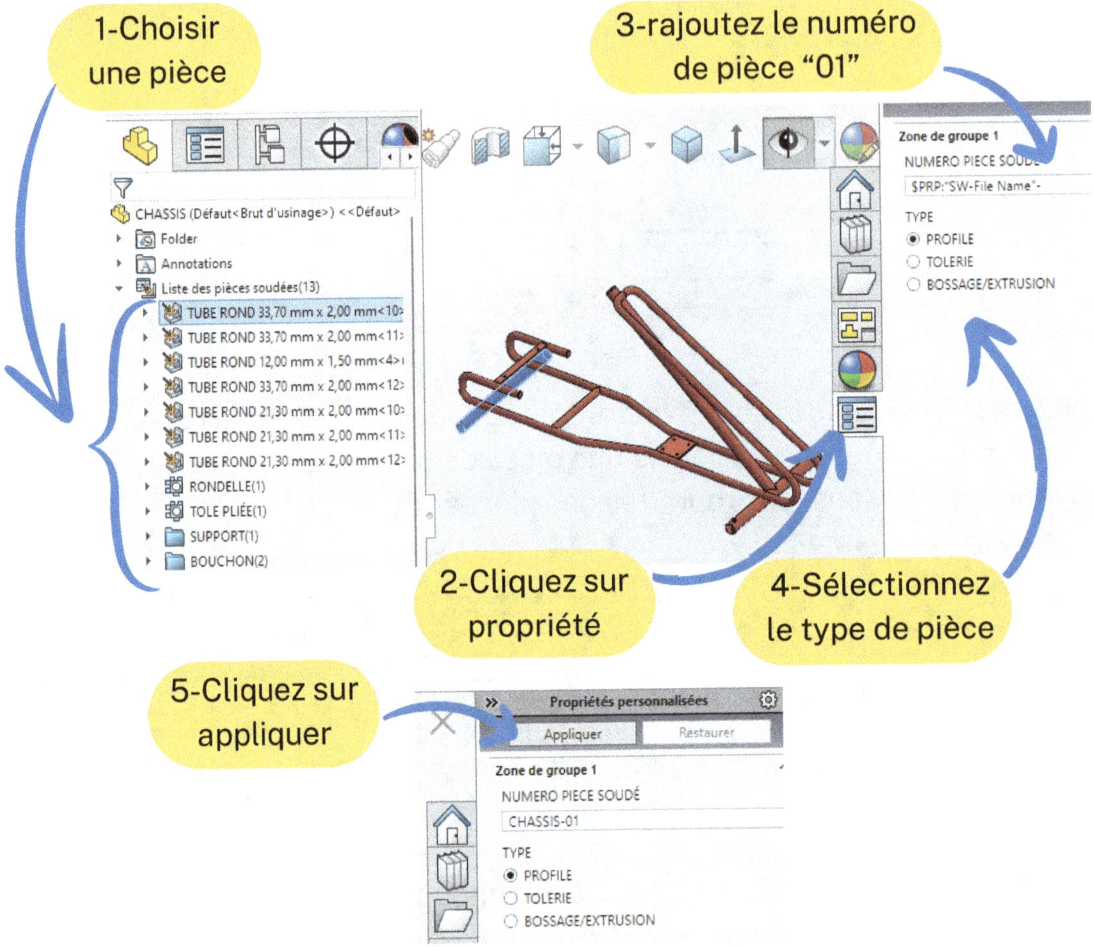

1-Choisir une pièce

2-Cliquez sur propriété

3-rajoutez le numéro de pièce "01"

4-Sélectionnez le type de pièce

5-Cliquez sur appliquer

LES PROPRIÉTÉS POUR DE LA TÔLERIE

rajoutez le numéro

Cliquez sur appliquer

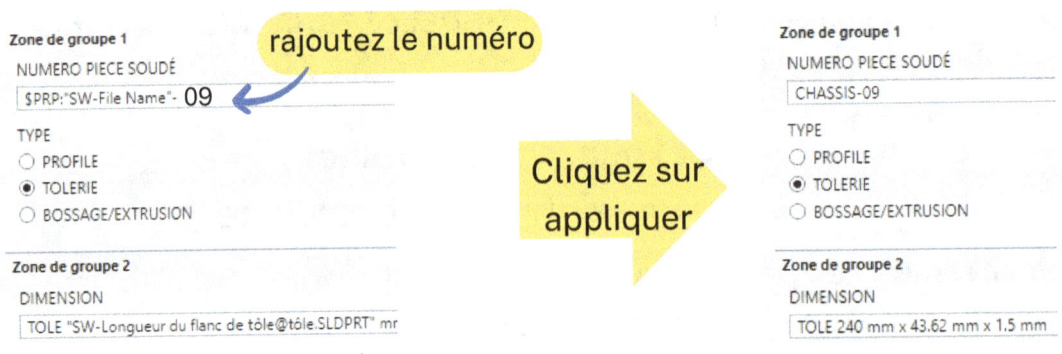

POUR UNE PIÈCE EN BOSSAGE EXTRUSION

Zone de groupe 1
NUMERO PIECE SOUDÉ
`$PRP:"SW-File Name"-10`
TYPE
○ PROFILE
○ TOLERIE
◉ BOSSAGE/EXTRUSION

rajoutez le numéro

Cliquez sur appliquer

Zone de groupe 1
NUMERO PIECE SOUDÉ
`CHASSIS-10`
TYPE
○ PROFILE
○ TOLERIE
◉ BOSSAGE/EXTRUSION

- Procédez ainsi sur toutes les pièces soudées et ça sera terminé pour les propriétés. Pour la suite, je vais vous montrer comment afficher les informations dans une liste de pièces soudées et aussi dans une nomenclature.

Les avantages de cette procédure :
-Simple à mettre en place et à utiliser
-Très rapide à compléter
-Pas d'erreur sur les dimensions du matériel
-Une nomenclature qui est très facile à exploiter sur excel

Mais ne vous arrêtez pas là, il y a plein de possibilités et en combinant le formulaire avec des informations automatiques de Solidworks. Il y a moyen de beaucoup se simplifier la vie.
À vous de jouer !

CHAPITRE 14
LA LISTE DE PIÈCES SOUDÉES

Pour insérer une liste de pièces soudées dans une mise en plan, cliquez sur l'onglet « **Insérer** », puis « **Tables** », puis « **Liste de pièces soudées** » et cliquez sur votre pièce.

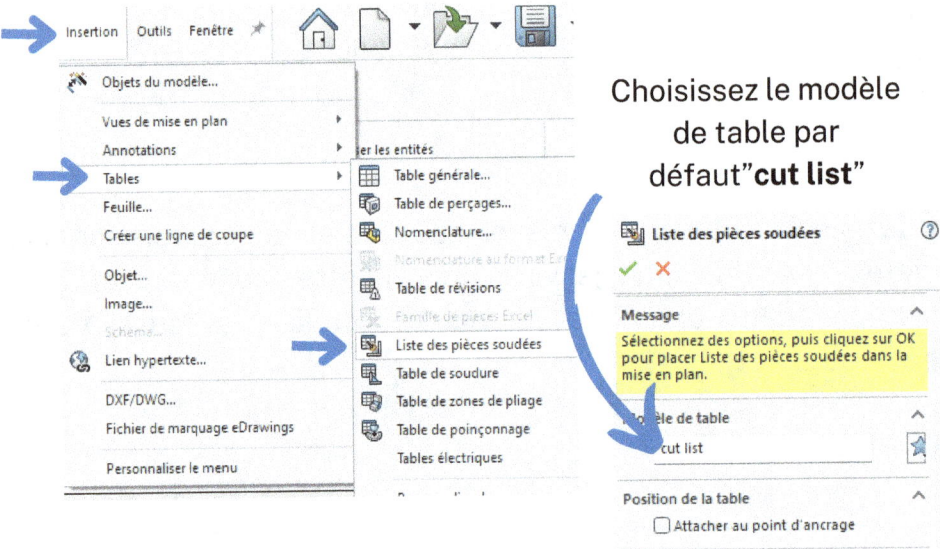

Choisissez le modèle de table par défaut "**cut list**"

- Votre table va apparaitre, il manquera des colonnes.

    Pour les rajouter, faire un clic droit en haut du tableau pour insérer une colonne à gauche ou à droite.

Le menu s'ouvre à droite et vous propose d'attribuer une propriété à la colonne.

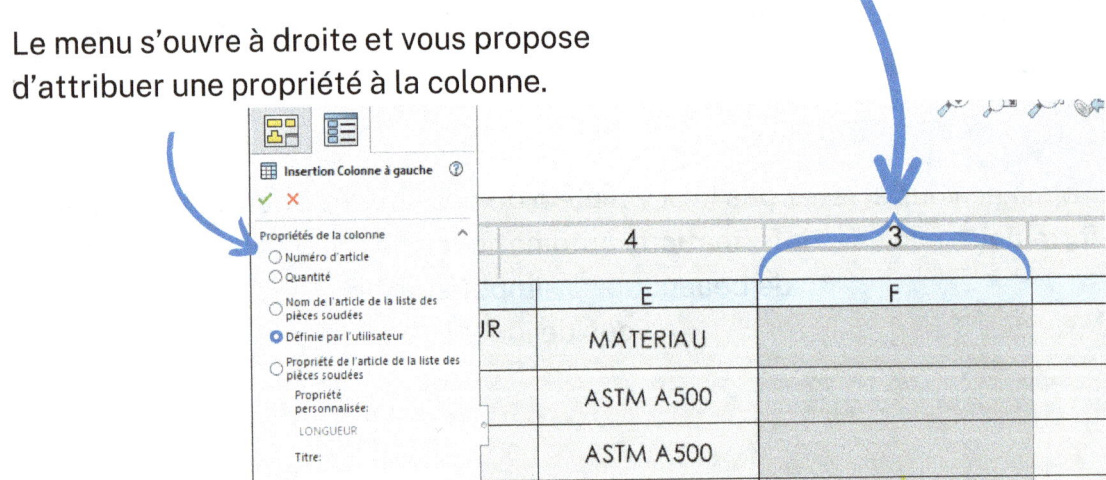

Choisissez parmi les différentes propositions.
Vous retrouverez toutes les propriétés qui existent sur la pièce.

Propriété existante

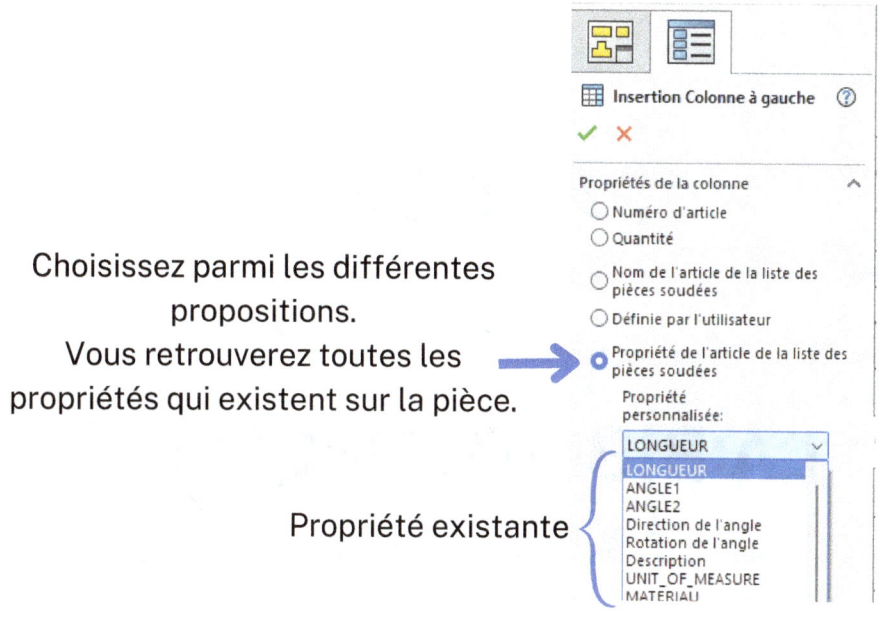

Et voila un exemple de résultat finale!

No.ARTICLE	No PIECE	DIMENSION	LONGUEUR (mm)	MATERIAU	TYPE	QTÉ
1	CHASSIS-01	TUBE ROND 33,7 mm x 2,0 mm	450	ASTM A500	PROFILE	1
2	CHASSIS-02	TUBE ROND 33,7 mm x 2,0 mm	736,9	ASTM A500	PROFILE	1
3	CHASSIS-03	TUBE ROND 12,0 mm x 1,5 mm	44	ASTM A500	PROFILE	2
4	CHASSIS-04	TUBE ROND 33,7 mm x 2,0 mm	450	ASTM A500	PROFILE	1
5	CHASSIS-05	TUBE ROND 21,3 mm x 2,0 mm	250	ASTM A500	PROFILE	1
6	CHASSIS-06	TUBE ROND 21,3 mm x 2,0 mm	2220	ASTM A500	PROFILE	1
7	CHASSIS-07	TUBE ROND 21,3 mm x 2,0 mm	2194,8	ASTM A500	PROFILE	1
8	CHASSIS-08	TOLE 33,7 mm x 33,7 mm x 4 mm		S235	TOLERIE	1
9	CHASSIS-09	TOLE 240 mm x 43,62 mm x 1,5 mm		S235	TOLERIE	1
10	CHASSIS-10	PLAQUE 99 mm x 80 mm x 5 mm		CSA G40.21 44W	BOSSAGE/EXTRUSION	1
11	CHASSIS-11	PLAQUE 21,3 mm x 21,3 mm x 3 mm		CSA G40.21 44W	BOSSAGE/EXTRUSION	2

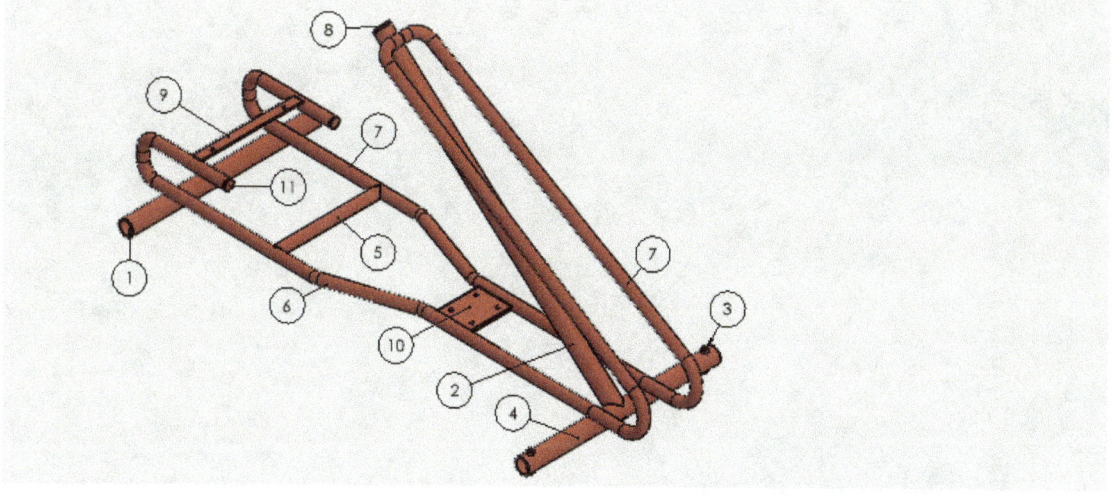

Toutes les informations sont là, complètes et bien rangées.

PARTIE 5

LA BIBLIOTHÈQUE

CHAPITRE 15
LA BOULONNERIE

Un très vaste sujet...

C'est un aspect de la conception qui est un peu négligé, car cela n'apporte pas de valeur ajoutée au projet.

Donc, on ne veut pas y passer trop de temps, mais il faut que ce soit bien fait et pratique.

Les différentes possibilités sont:
- La Toolbox
- Les bibliothèques en ligne de fournisseur de visserie
- Les bibliothèques en ligne de modèle 3D de visserie
- Dessiner sa propre bibliothèque

Il n'y a pas de solution parfaite, chacune des solutions a des avantages et des inconvénients.

Le mix parfait :
- Une taille de bibliothèque adaptée à votre travail, nul besoin d'avoir des dizaines de milliers de modèles.
- Ne pas devoir télécharger des vis une par une.
- Avoir les mêmes références de vis que vos fournisseurs.
- Des vis qui s'insèrent automatiquement dans SolidWorks.
- Pouvoir remplacer n'importe quelle vis par une autre sans perdre les contraintes.
- Pouvoir réutiliser sa bibliothèque actuelle.
- Ne pas passer des semaines à faire sa bibliothèque.
- Garder une bibliothèque vivante.
- Une bibliothèque gratuite.

Tout cela est possible ; je vais vous présenter une façon d'y arriver. Un des choix importants que vous avez à faire est de savoir comment seront gérées vos différentes tailles de vis. Soit chaque vis sera un fichier, soit les tailles seront gérées par configuration. Mais quoi que vous choisissiez, l'étape la plus importante du chapitre fonctionne dans tous les cas.

AVOIR SA PROPRE BIBLIOTHÈQUE

> Comme je le dis précédemment, vous avez la possibilité d'avoir un fichier par type de vis et par longueur, ou un fichier par type de vis des configurations pour gérer les longueurs.

Pour faire sa propre bibliothèque, la méthode la plus rapide est de faire des configurations, c'est ce que je vais expliquer plus bas.
Sinon, pour avoir un fichier par vis, suivez juste le début du tutoriel et au lieu de créer des configurations, copiez votre première vis pour créer les autres tailles.

c'est parti!

LE MODÈLE 3D:

 Vous aurez besoin de modèles 3D, 2 choix possibles:
-Soit vous les dessinez
-Soit vous les télécharger sur un site internet comme MC MASTER ou PART SERVER.
Je vous conseille de les télécharger en version solidworks.
Les modèles MC MASTER sont bien détaillé, facilement modifiable et la taille des fichiers n'est pas plus grosse que si vous les dessinez.

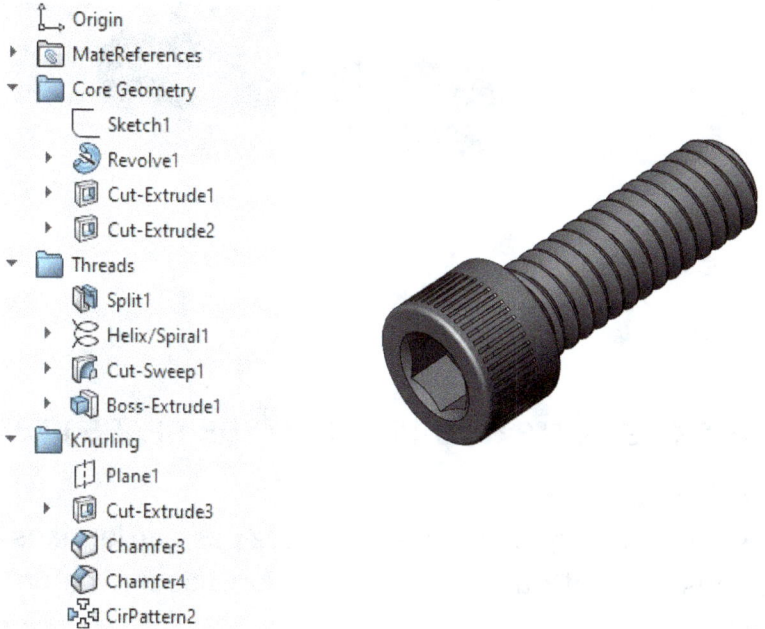

Commencer par télécharger une vis par type et par longueur.
Par exemple:
VIS CHC-M3x10 mm
VIS CHC-M4x10 mm

....

VIS 6 PANS CREUX -M6x10mm
VIS 6 PANS CREUX -M8x10mm

...

VIS TÊTE FRAISÉE M8x10mm

....

Comment procéder :

Pour l'exemple, j'ai téléchargé un modèle sur le site McMaster.
Mais vous pouvez utiliser d'autres fichiers.
C'est une vis M8x40mm - 6 PANS CREUX-FILETAGE PARTIEL en version SolidWorks. C'est un modèle très détaillé et avec la possibilité d'avoir un filetage complet ou partiel.

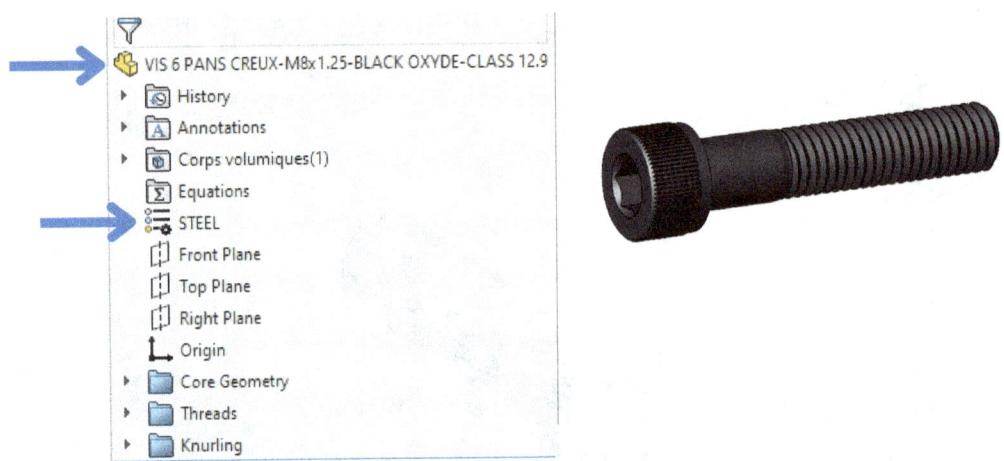

Renommez en "**VIS 6 PANS CREUX-M8x1.25-BLACK OXYDE-CLASS 12.9**"

- Ajouter le matériau « **STEEL** »
- Supprimer toutes les propriétés que vous ne souhaitez pas garder dans «**personnaliser**» et dans « **spécifique à la configuration** » pour avoir un fichier propre et clair.
Pour ma part j'ai tout enlevé.

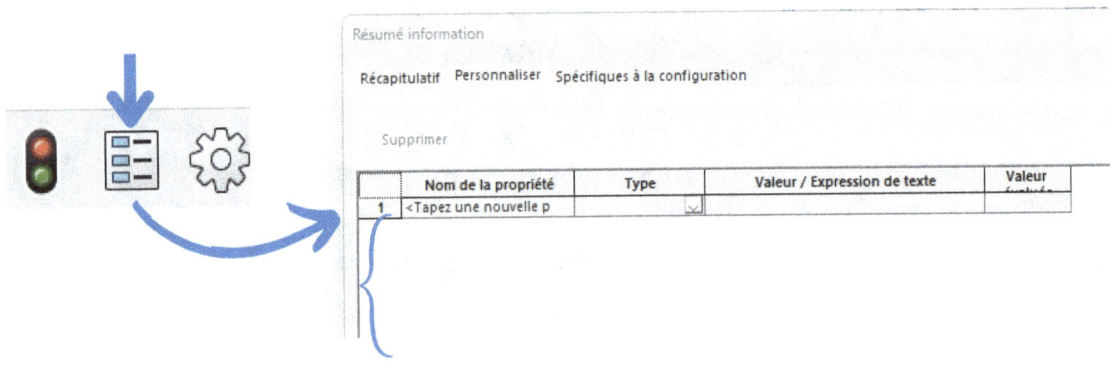

Si vous souhaitez pouvoir indiquer les références de vos fournisseurs suivant les différentes dimensions de vis :

– Allez dans les propriétés du fichier.

– Rajouter une propriété **"REFERENCE FOURNISSEUR"** dans l'onglet **"PERSONALISER"** et rentrez « - » comme valeur pour l'instant.

Cela permet de créer cette propriété pour toutes les configurations que vous ferez.

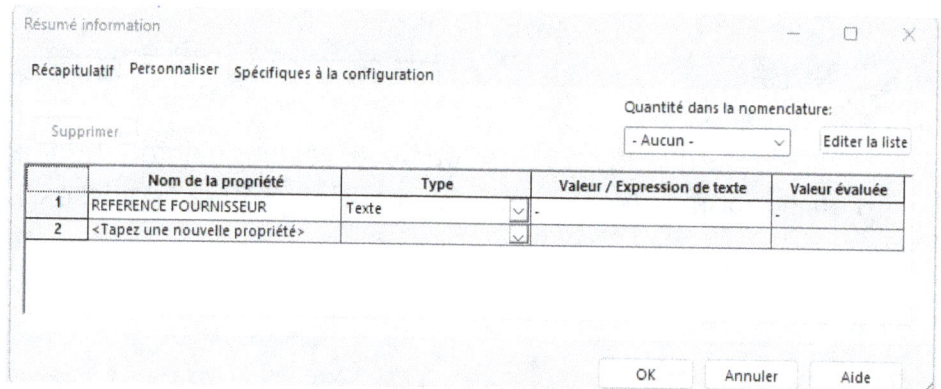

Maintenant, nous allons créer les configurations

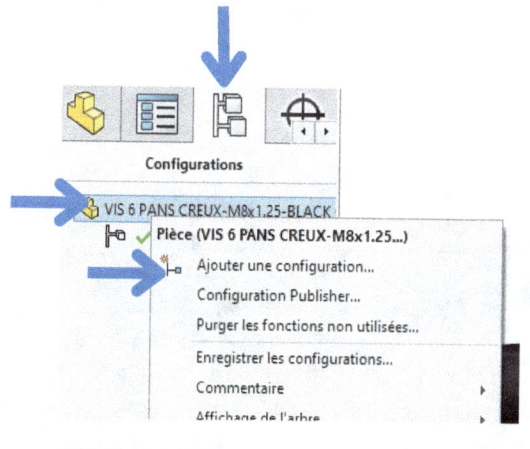

Ajouter une configuration avec clic gauche sur **"ConfigurationManager"**, puis clic droit sur le nom " **VIS 6 PANS...."** puis choisir " **Ajouter une configuration"**.

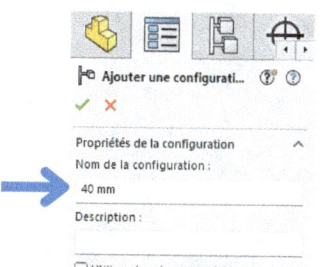

Indiquez **"40 mm"** dans la case **"Nom de la configuration"**. (c'est un nom provisoire).

Refaire la même procédure pour ajouter la configuration **"8 mm"**

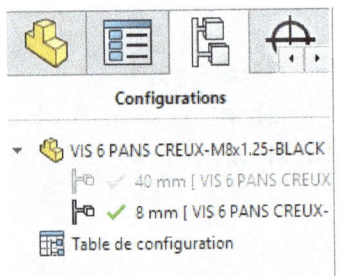

Les 2 premières configurations sont crées, s'il y a d'autres configurations, vous pouvez les supprimez.

Pour simplifier un peu le modèle et pour qu'il fonctionne bien, supprimez les 2 fonctions, mais laissez les esquisses.

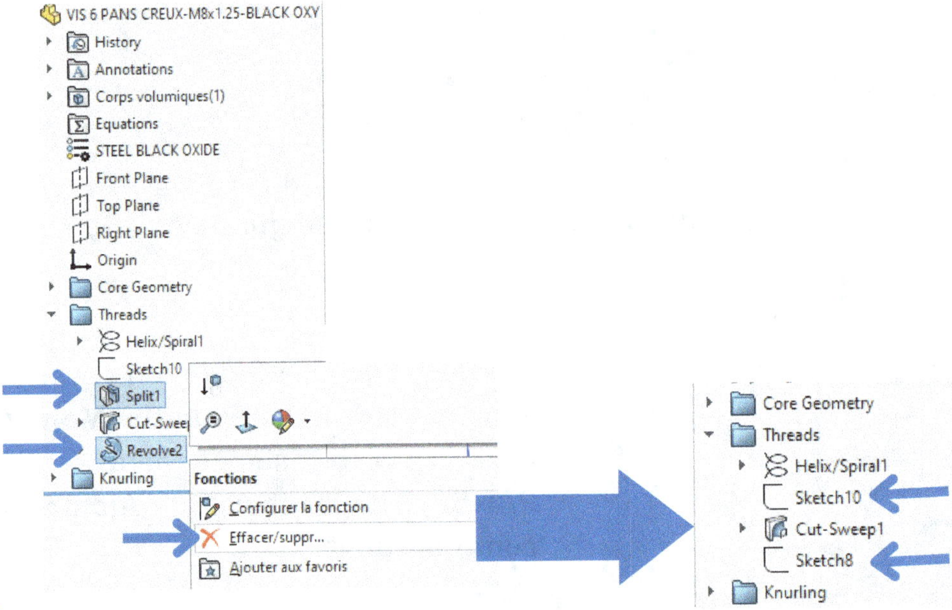

Maintenant nous allons modifier l'esquisse de la configuration **"8 mm"**.

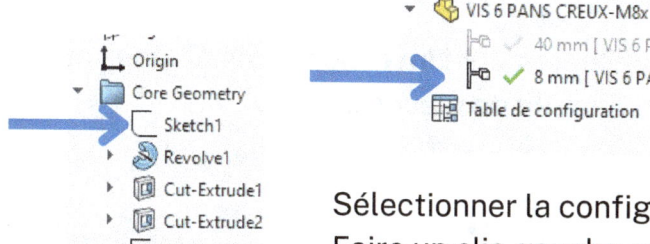

Sélectionner la configuration 8 mm
Faire un clic gauche sur **"Sketch 1"** pour afficher l'esquisse.

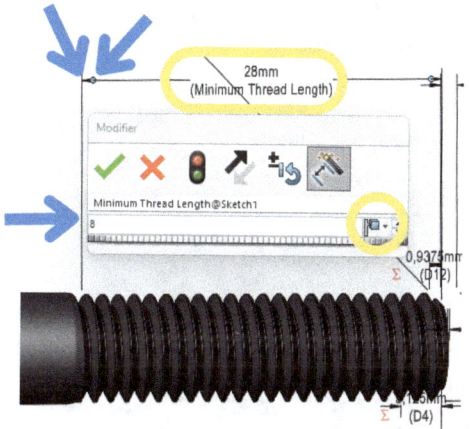

Faire un double-clic gauche sur la flèche de la cote de longueur du filetage pour ouvrir le menu.
Rentrer **8** comme valeur uniquement pour cette configuration.

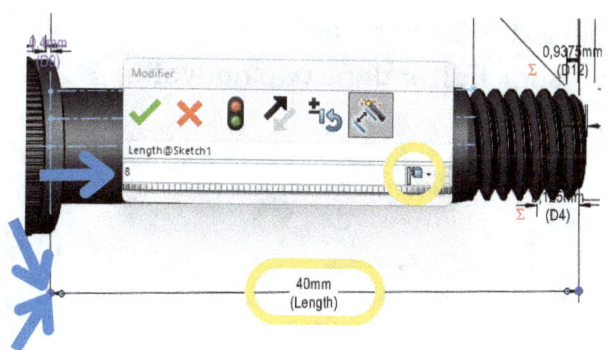

Faire la même chose la cote de longueur.
Rentrer **8** comme valeur uniquement pour cette configuration.

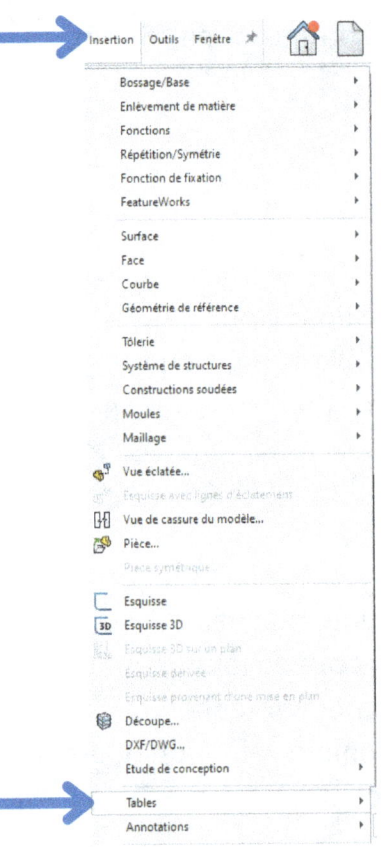

Maintenant, nous allons créer la famille de pièces.

Cliquez sur **"Insertion"** puis **"Table"** puis **" Famille de pièces Excel"**.

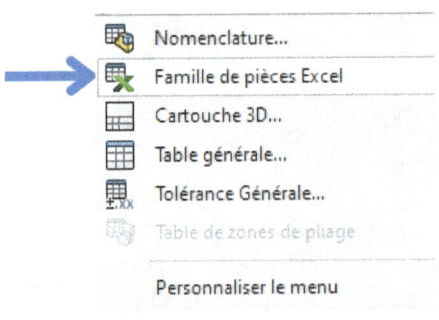

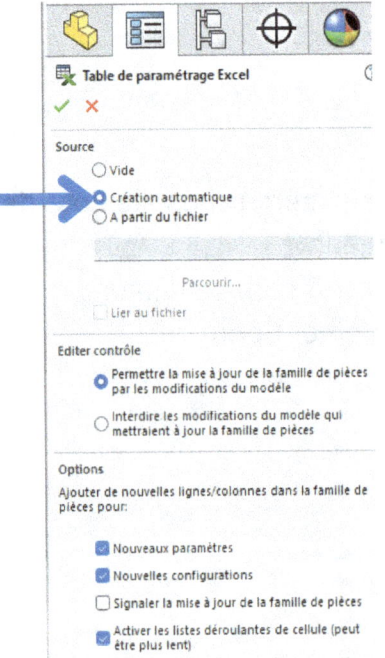

Choisir **«Création automatique»**.
Elle va se créer et disparaitre.
Pour l'afficher, aller dans l'onglet des configurations et faire un clic droit sur la table Excel Design Table, puis cliquer sur « **Editer dans une nouvelle fenêtre** ».

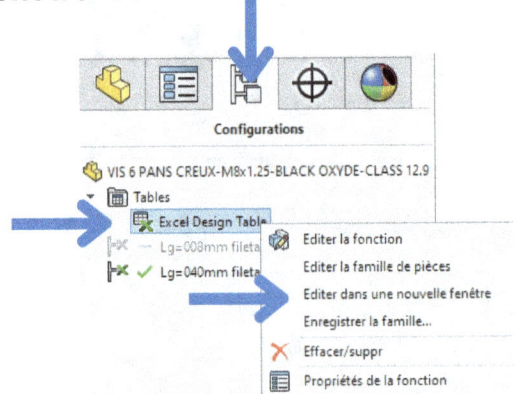

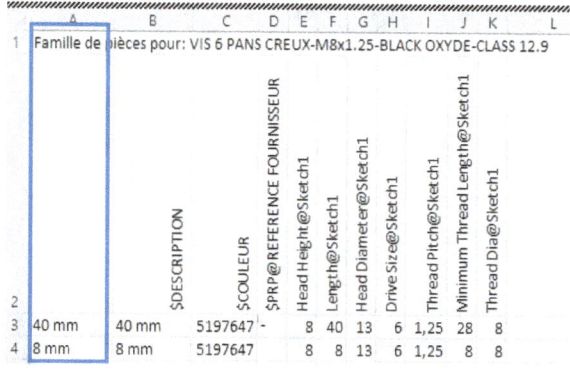

La table Excel s'affiche.
La colonne de droite correspond au nom de la configuration.

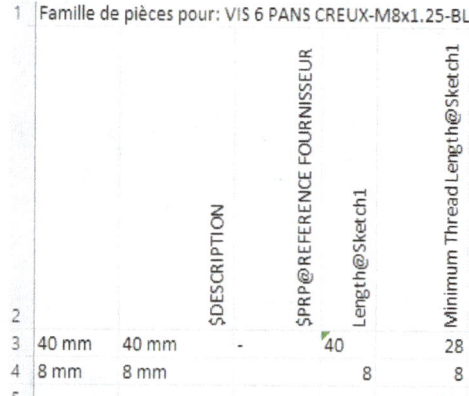

Supprimez des colonnes pour ne garder que les propriétés que nous allons modifier pour les configurations :
– La longueur de la vis
– la longueur du filetage
La description
La référence des fournisseurs (si besoin)

Maintenant, nous devons compléter toutes les tailles, pour remplir plus rapidement, je vais donner quelques astuces.

Rajouter les 2 colonnes LONGUEUR et FILETAGE.
Pour la colonne LONGUEUR , inscrire **"008"** et mettre en format texte pour avoir les **"00"**.
Cela va servir à ordonner correctement les longueurs.

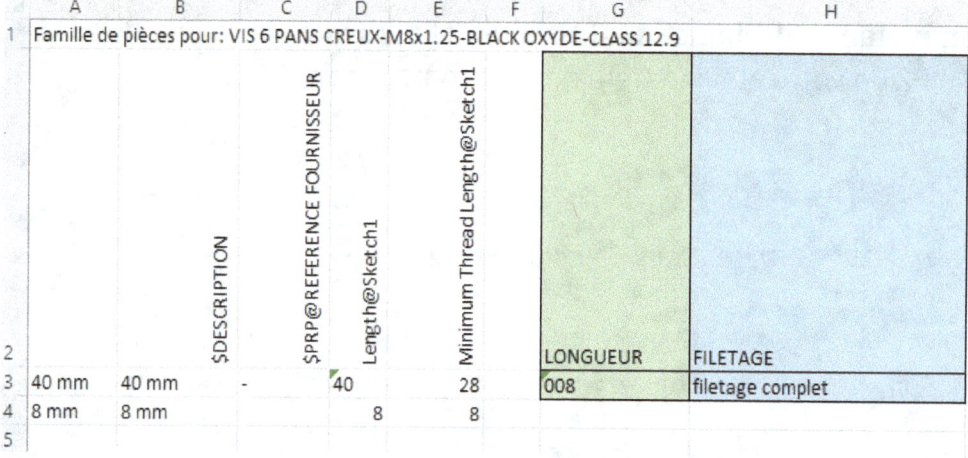

Recopiez les formules comme ci-dessous.

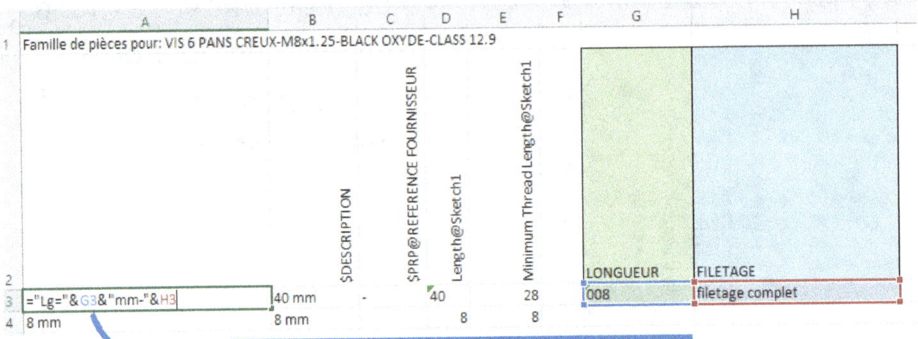

="Lg="&G3&"mm-"&H3

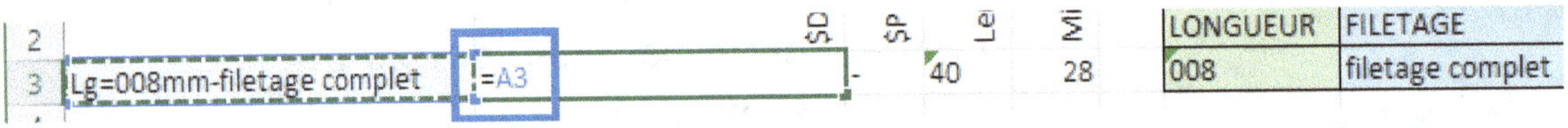

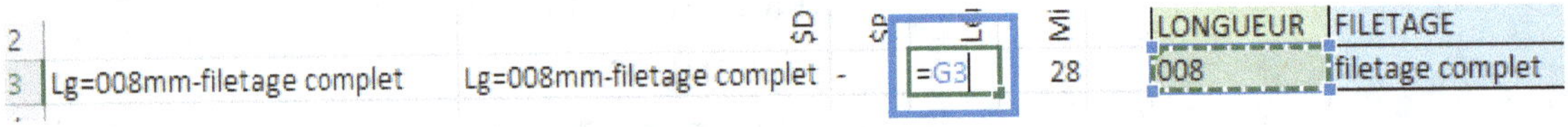

=SI(H3="filetage complet";G3;28)

Il se peut que les fonctions ne se calculent pas sur certaines cellules, c'est un problème de format. Mettez la cellule en format standard, cliquez sur la cellule et appuyez sur la touche F2 de votre clavier. Cela devrait rentrer dans l'ordre.

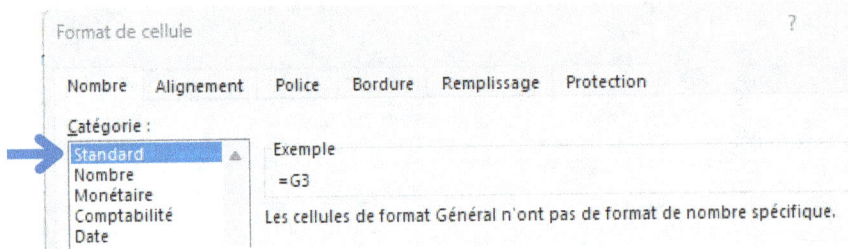

Compléter les longueurs du type de filetage complet ou partiel.
Sélectionner ensuite les cases A3 jusqu'à E3 et tirer le cadre jusqu'à la dernière ligne de longueur.

	A	B	C $DESCRIPTION	D $PRP@REFERENCE FOURNISSEUR	E Length@Sketch1	F Minimum Thread Length@Sketch1	G LONGUEUR	H FILETAGE
2							LONGUEUR	FILETAGE
3	Lg=008mm-filetage complet	Lg=008mm-filetage complet	-	008	008		008	filetage complet
4	40 mm	40 mm			40	28	010	filetage complet
5							012	filetage complet
6							014	filetage complet
7							016	filetage complet
8							018	filetage complet
9							020	filetage complet
10							025	filetage complet
11							030	filetage complet
12							035	filetage complet
13							035	filetage complet
14							040	filetage complet
15							040	filetage partiel
16							045	filetage complet
17							045	filetage partiel

Voilà à ce que doit ressembler votre tableau.
Enregistrez le fichier Excel et fermez-le.
(Pour info : ce fichier Excel fait partie de votre fichier pièce, il n'a pas de chemin d'enregistrement, mais si vous le souhaitez, vous pourrez quand même faire une copie de ce fichier).

	A	B	C $DESCRIPTION	D $PRP@REFERENCE FOURNISSEUR	E Length@Sketch1	F Minimum Thread Length@Sketch1	G LONGUEUR	H FILETAGE
1	Famille de pièces pour: VIS 6 PANS CREUX-M8x1.25-BLACK OXYDE-CLASS 12.9							
2							LONGUEUR	FILETAGE
3	Lg=008mm-filetage complet	Lg=008mm-filetage complet	-	008	008		008	filetage complet
4	Lg=010mm-filetage complet	Lg=010mm-filetage complet	-	010	010		010	filetage complet
5	Lg=012mm-filetage complet	Lg=012mm-filetage complet	-	012	012		012	filetage complet
6	Lg=014mm-filetage complet	Lg=014mm-filetage complet	-	014	014		014	filetage complet
7	Lg=016mm-filetage complet	Lg=016mm-filetage complet	-	016	016		016	filetage complet
8	Lg=018mm-filetage complet	Lg=018mm-filetage complet	-	018	018		018	filetage complet
9	Lg=020mm-filetage complet	Lg=020mm-filetage complet	-	020	020		020	filetage complet
10	Lg=025mm-filetage complet	Lg=025mm-filetage complet	-	025	025		025	filetage complet
11	Lg=030mm-filetage complet	Lg=030mm-filetage complet	-	030	030		030	filetage complet
12	Lg=035mm-filetage complet	Lg=035mm-filetage complet	-	035	035		035	filetage complet
13	Lg=035mm-filetage complet	Lg=035mm-filetage complet	-	035	035		035	filetage complet
14	Lg=040mm-filetage complet	Lg=040mm-filetage complet	-	040	040		040	filetage complet
15	Lg=040mm-filetage partiel	Lg=040mm-filetage partiel	-	040		28	040	filetage partiel
16	Lg=045mm-filetage complet	Lg=045mm-filetage complet	-	045	045		045	filetage complet
17	Lg=045mm-filetage partiel	Lg=045mm-filetage partiel	-	045		28	045	filetage partiel

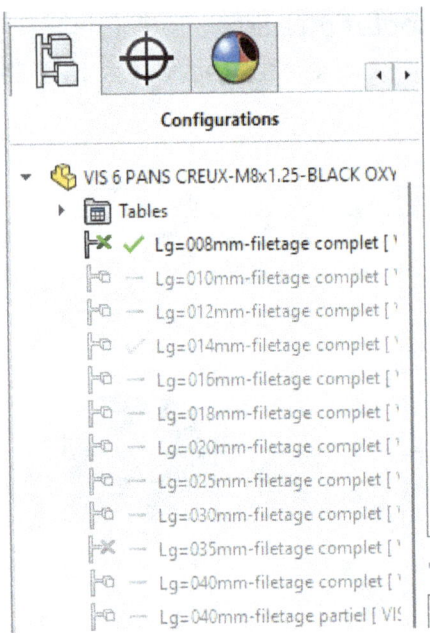

Toutes les configurations de votre VIS seront créées.

Maintenant, nous allons rajouter une propriété pour récupérer le nom de votre vis, sa longueur et son type.

Allez dans les propriétés du fichier, onglet « **Personnalisé** » et rajouter la propriété « **Description** ».

Dans la case « **Valeur** », écrivez le texte :

VIS CHC -M8x1.25- $PRP:"SW-Configuration Name".

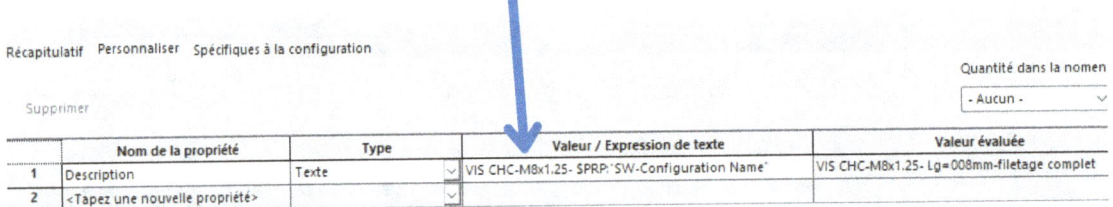

Et c'est terminé !
vous avez fait la première vis de votre bibliothèque
Voilà ce que vous obtiendrez dans une nomenclature.

No. ARTICLE	NOM DE PIECE	DESCRIPTION
2	VIS 6 PANS CREUX-M8x1.25-BLACK OXYDE-CLASS 12.9	VIS CHC-M8x1.25- Lg=014mm-filetage complet
3	VIS 6 PANS CREUX-M8x1.25-BLACK OXYDE-CLASS 12.9	VIS CHC-M8x1.25- Lg=008mm-filetage complet
4	VIS 6 PANS CREUX-M8x1.25-BLACK OXYDE-CLASS 12.9	VIS CHC-M8x1.25- Lg=060mm-filetage partiel

 Vous pouvez ainsi faire toutes vos vis assez simplement, vous pouvez aussi récupérer une partie de la table excel que vous avez fait pour créer les nouvelle vis.

Comme toutes les longueurs de vis qui sont assez similaires d'une vis à l'autre.

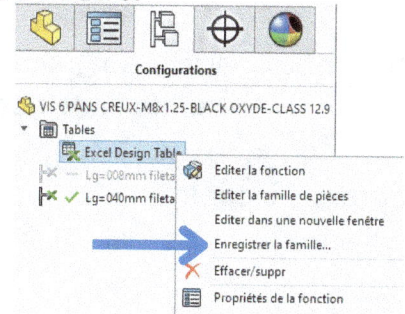

Vous pouvez enregistrer la famille (le fichier Excel) sur votre ordinateur.

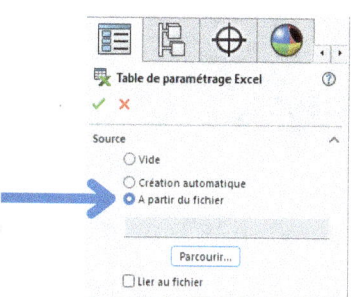

Quand vous voudrez créer une nouvelle famille de pièces pour une nouvelle vis, prenez le fichier Excel que vous aurez déjà configuré.

Vérifier que les noms dans le fichier Excel correspondent aux noms dans l'esquisse ou changer-les et tout devrait fonctionner parfaitement.

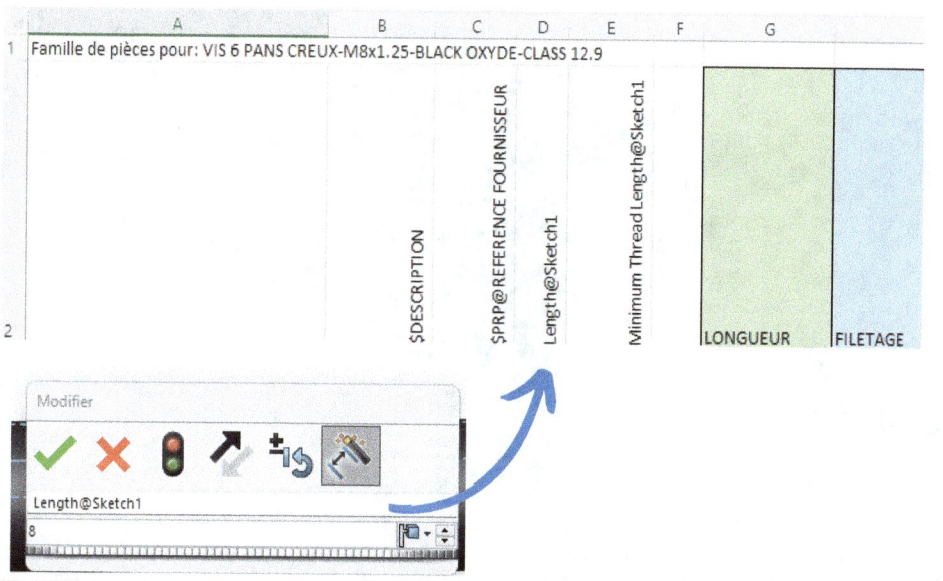

COMMENT UTILISER EFFICACEMENT VOTRE BIBLIOTHÈQUE

Maintenant, je vais vous expliquer comment, à partir de n'importe quelle bibliothèque, vous pourrez insérer facilement et rapidement des vis, des rondelles et des écrous.

Vous pourrez aussi les remplacer sans perdre les contraintes.

Le principe est de travailler à partir d'assemblages qui se comportent comme des pièces.

 1 ère étape : Dessiner une vis maitresse

Vous allez dessiner une pièce en forme de vis suivant le plan ci-dessous qui s'appellera « **VIS-MAITRESSE** ».

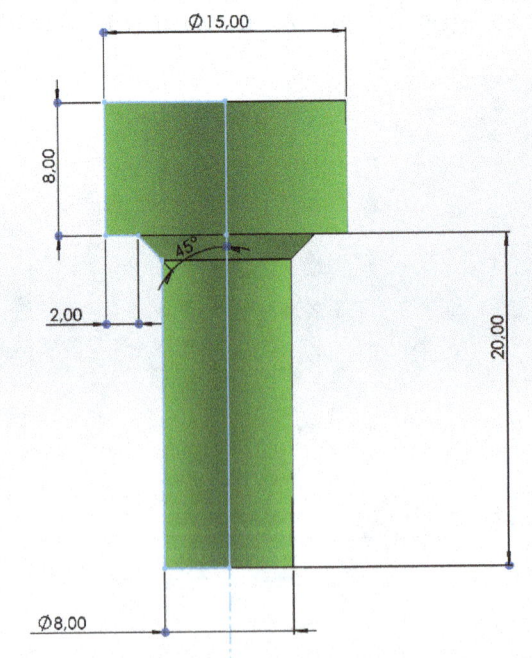

2 ème étape: création du premier assemblage

Cet assemblage sera la base pour tous les assemblages de vis que vous ferez.
Faire un nouvel assemblage et insérer la **"VIS-MAITRESSE"**.
Enregistrez le fichier sous le nom **"VIS CHC-M6"**.

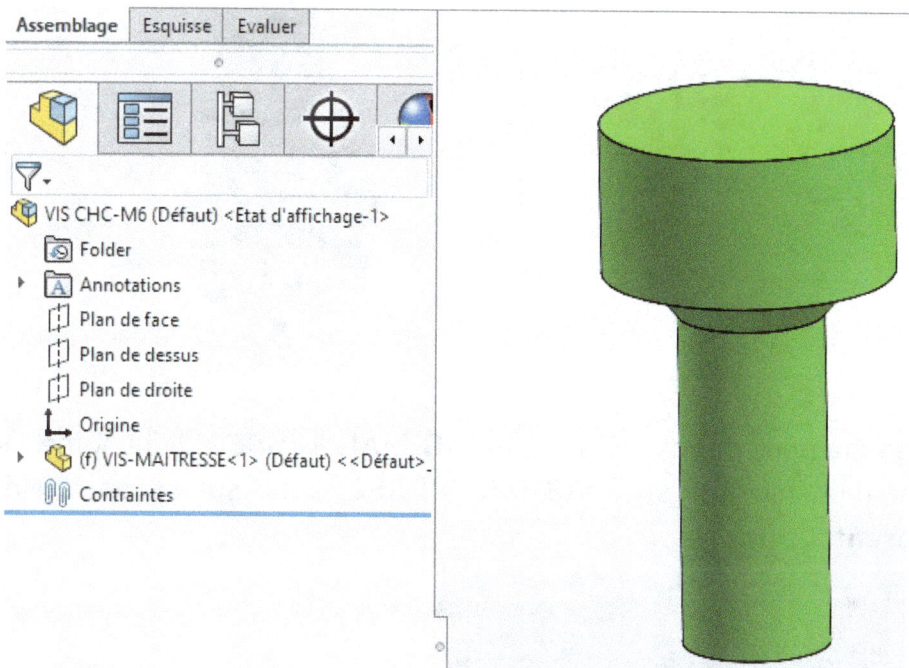

Insérez une rondelle M6 et ajoutez les contraintes pour la placer comme ci-dessous.

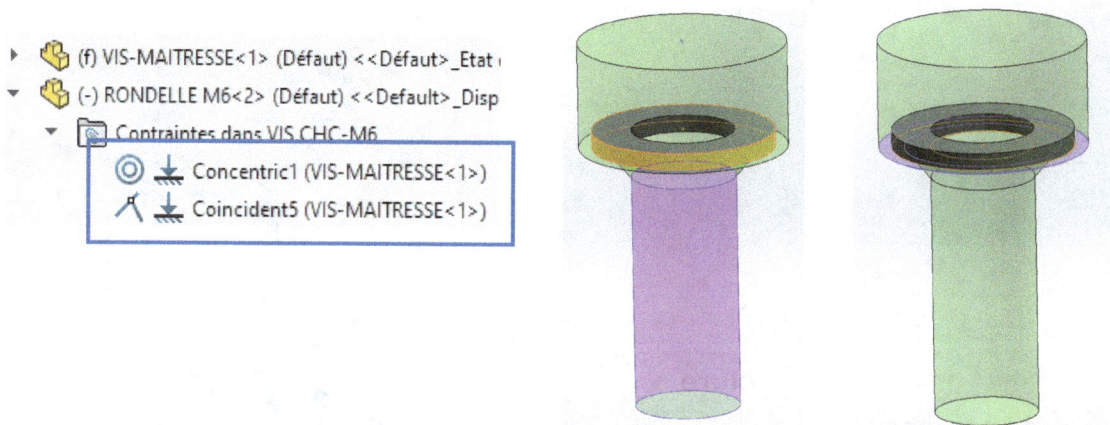

Compléter l'assemblage avec une vis CHC-M6, une autre rondelle et un écrou. Mettre des contraintes à partir de la **"VIS MAITRESSE "** lorsque c'est possible.

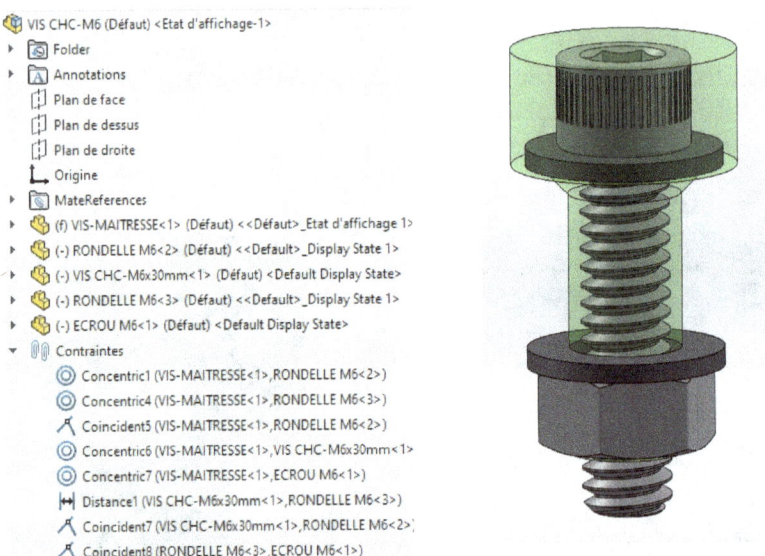

Maintenant, nous allons exclure la « **VIS-MAITRESSE** » de la nomenclature en faisant un clic droit sur « **VIS-MAITRESSE** », puis sur « **propriété du composant** ».

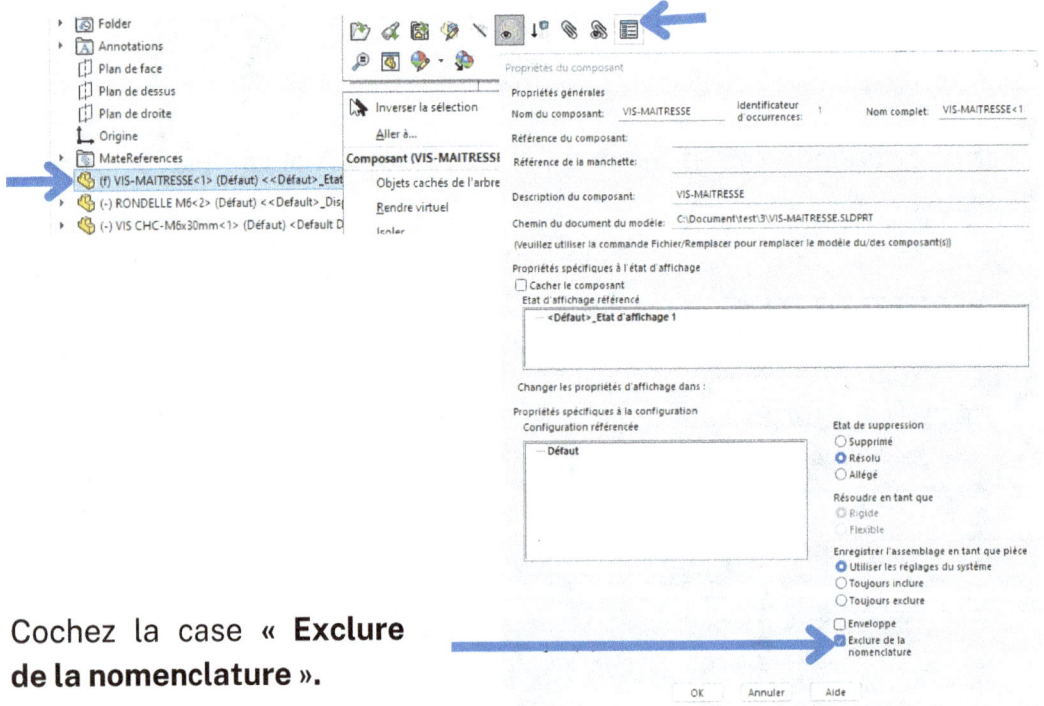

Cochez la case « **Exclure de la nomenclature** ».

3 ème étape: ajout de contraintes automatiques

Nous allons ensuite ajouter une contrainte automatique soit en cliquant sur l'icône **"Référence de contraintes"**

ou soit en cliquant sur l'onglet **"Insertion"** puis **"Géométrie de référence"** puis **"Référence de contrainte"**.

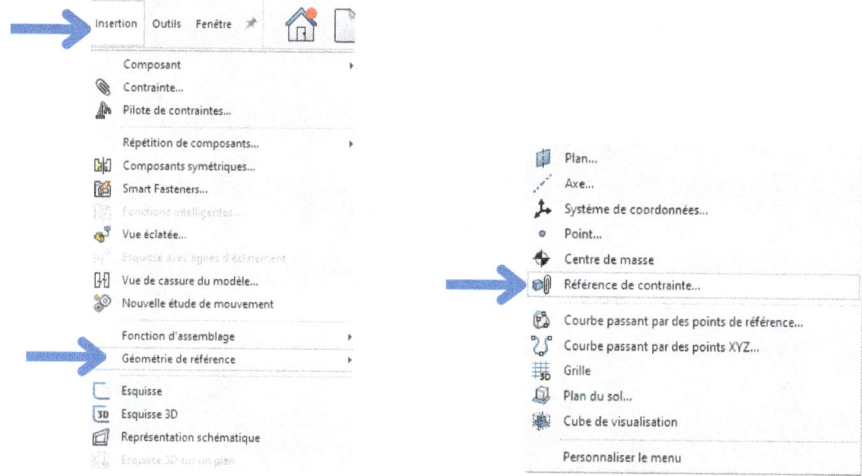

Sélectionner l'arête circulaire de la **"VIS-MAITRESSE"**. Laissez les réglages par défaut et validez.

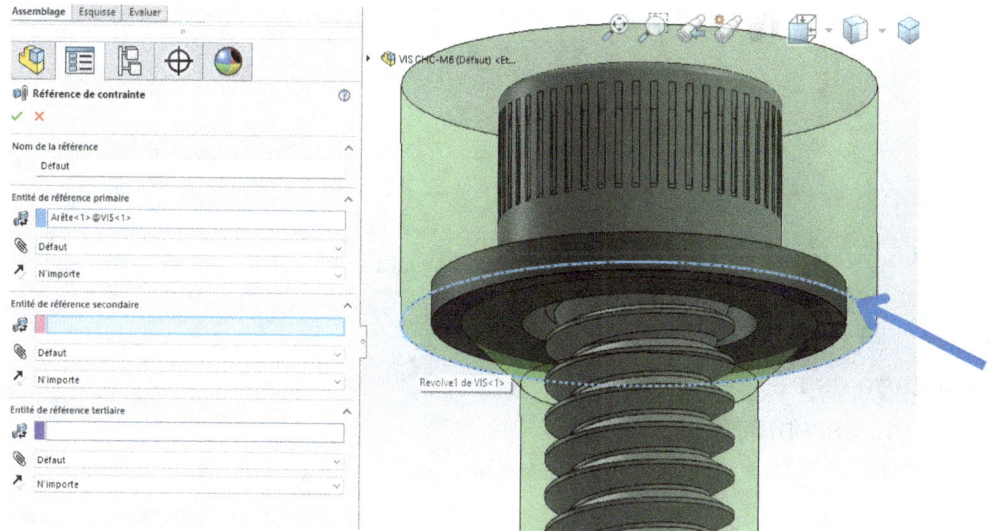

Votre assemblage va ainsi se placer automatiquement dans des trous circulaires.

4 ème étape: promouvoir l'assemblage

Maintenant, nous allons faire pour que cet assemblage se comporte dans les nomenclatures comme des pièces. Le nom de l'assemblage VIS CHC-M6 n'apparaitra jamais dans les nomenclatures, on verra juste le nom des pièces.

Pour cela, allez dans l'onglet « **ConfigurationManager** » et faites un clic droit sur la configuration « **Défaut** », puis cliquez sur « **Propriété** ».

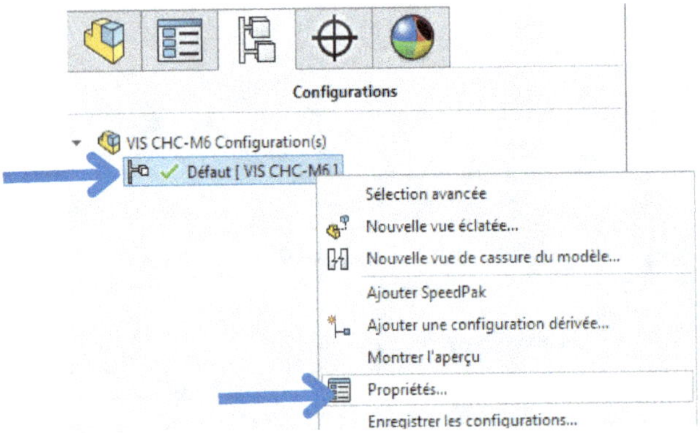

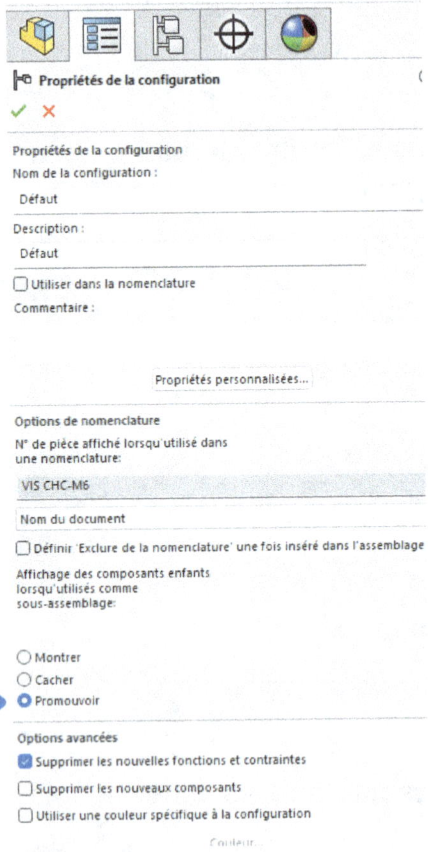

Le menu s'ouvre.

Il faut cocher « **Promouvoir** ».

C'est cette option qui permet à un assemblage de ne plus apparaitre comme un assemblage dans les nomenclatures.

Voilà, votre premier assemblage de vis est terminé !

Vous pouvez le tester dans un de vos montages en le faisant juste glisser sur un trou cylindrique.

Vous pouvez ensuite le copier et faire d'autres assemblages. Conserver toujours la **"VIS-MAITRESSE"** et les références de contraintes. Vous pouvez remplacer la vis par une autre vis, rajouter des rondelles , changer le type d'ecrou

Exemple: VIS TÊTE H avec une seule rondelle et un écrou.

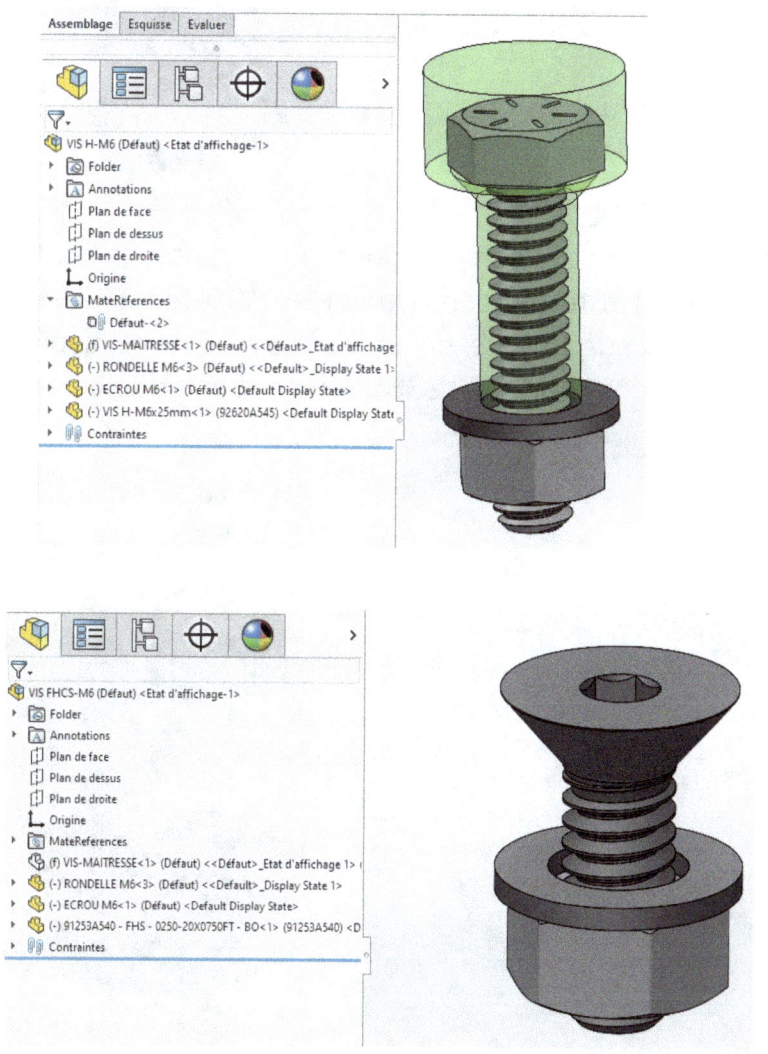

Petite particularité avec les vis tête fraisée pour la référence contrainte.

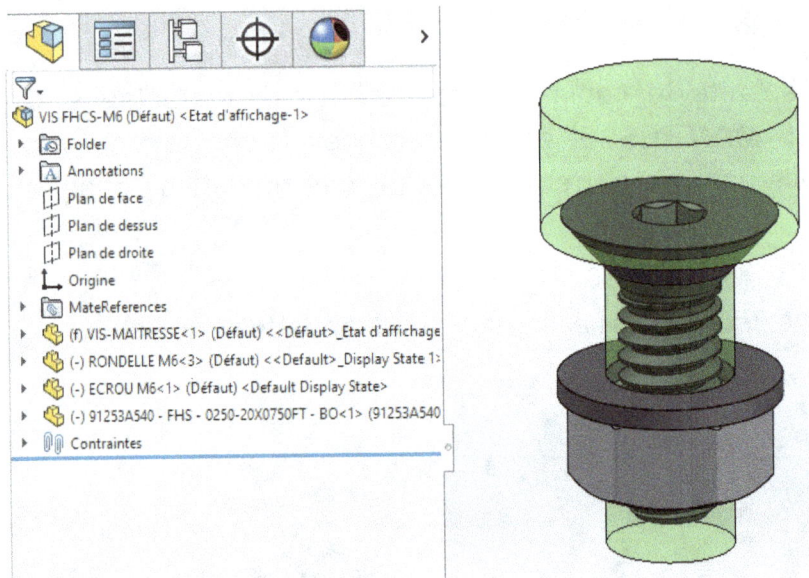

Il faudra sélectionner la face conique pour la référence de contraintes. C'est pour cela qu'il y a cette forme conique sur la **"VIS-MAITRESSE"**. Il faudra aussi vérifier l'angle sur la tête de la vis, vous pouvez avoir 90° ou 82°. Changer l'angle sur la **"VIS-MAITRESSE"** suivant le modèle

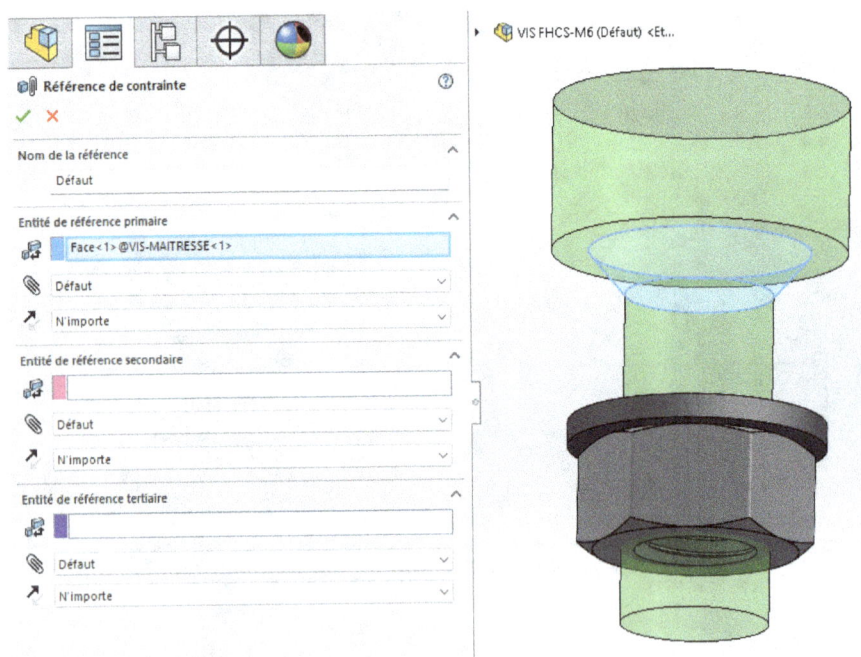

Au final vous allez avoir une bibliothèque allégé, vous pouvez l'organiser comme ci-dessous.

Dans chaque assemblage , il y a une vis, 2 rondelles et un écrou.
Mais vous pourriez aussi rajouter un écrou frein ou des rondelles frein.
Le principe est de copier cet assemblage dans votre projet et de le renommer **"BOULON M6-1 "** , **"BOULON M6-2** », etc., et ainsi vous configurez chaque boulon comme vous le souhaitez.
Si vous n'avez pas besoin d'écrou frein par exemple, vous le supprimez de l'assemblage. C'est plus rapide de supprimer des pièces plutôt que d'en rajouter .

▶ **5 ème étape:** Mettre l'assemblage en bibliothèque

Pour accéder facilement à votre assemblage, il faut le mettre dans la bibliothèque directement accessible depuis le volet "**Bibliothèque de conception".**

Cliquez sur « **Ajouter un emplacement de fichier** » et sélectionner le dossier de votre bibliothèque.

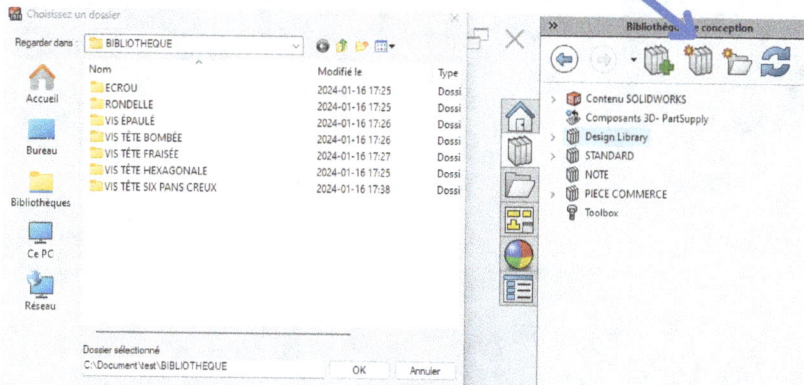

119

Maintenant, vous pouvez facilement utiliser la bibliothèque.
Quand vous êtes dans un assemblage, faites un clic gauche sur un nom de boulon, maintenez appuyé et faites glisser dans la fenêtre. Le boulon va se contraindre automatiquement quand il sera près d'un trou.

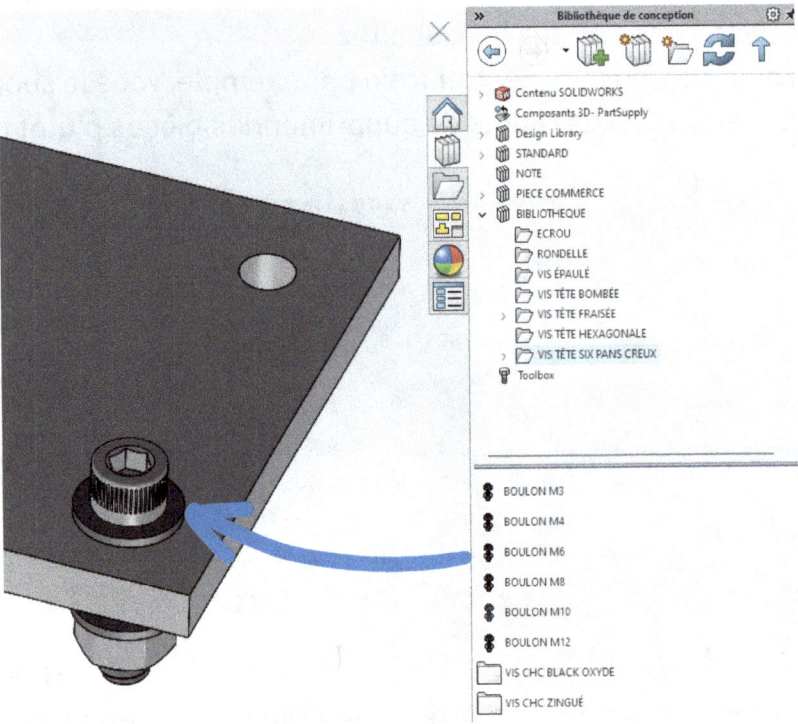

Les avantages de travailler avec un assemblage de vis plutôt que de travailler avec des pièces :

Quand vous insérez un assemblage de vis, vous placez 4 pièces d'un coup. Grâce à la « **référence de contraintes** », cet assemblage de vis vient se contraindre automatiquement quand vous le faites glisser près d'un trou circulaire.
Si vous avez placé cet assemblage à plusieurs endroits et que vous voulez changer le type de vis ou enlever une rondelle par exemple, vous avez juste à le faire dans l'assemblage de la vis.
Le gain de temps est énorme par rapport au fait de changer à chaque endroit chaque pièce.
Comme la contrainte d'assemblage dépend de la **"VIS-MAITRESSE"**, vous pouvez remplacer les composants de l'assemblage de vis par n'importe quel fichier. L'assemblage ne perdra jamais ses contraintes.
– Vos pièces sont déjà regroupées, vous n'avez pas besoin d'aller chercher les différents composants dans les répertoires de votre bibliothèque.
L'arbre est allégé, car il y a 4 fois moins de lignes de composants.
Cela permet d'uniformiser les montages de vis.

Les inconvénients de ce procédé:

Il y a quelques années, la fonction « **promouvoir** » n'existait pas et c'était un inconvénient, car dans un plan avec une nomenclature, cela pouvait rendre les choses pénibles de ne pas avoir les détails de la visserie. Mais avec cette amélioration de SolidWorks qui permet de gérer un assemblage comme on le souhaite, on est libre de faire autant de sous-assemblages que l'on souhaite.
Je ne vois pas d'inconvénients à ce procédé, sachant qu'on peut même l'utiliser avec la Toolbox.

Il y a d'autres possibilités pour mettre de la visserie comme **Smartfastener** qui placent des vis en automatique. Je ne l'utilise pas. Après l'avoir testé, je trouve qu'il est compliqué à configurer et qu'il faut le faire pour chaque assemblage de vis. Et si vous n'avez pas la toolbox, ça ne fonctionne pas. Vous pouvez aussi mettre chaque vis une par une, rajouter les rondelles et les écrous. Si les pièces sont configurées avec les contraintes automatiques, ça peut aller vite. Mais à partir du moment où il faut changer un modèle de vis, ça peut vite devenir problématique si vous en avez beaucoup.

PARTIE 6

BON À SAVOIR

QUELQUES PETITES ASTUCES

1-Les mises en plan symétriques

Quand vous dessinez une pièce et sa symétrie, il faut faire le plan de la pièce originale et le plan de la pièce symétrique. 2 fois le même travail.

Mais il existe une fonction qui permet de créer une mise en plan symétrique.

Faites le plan de l'original.

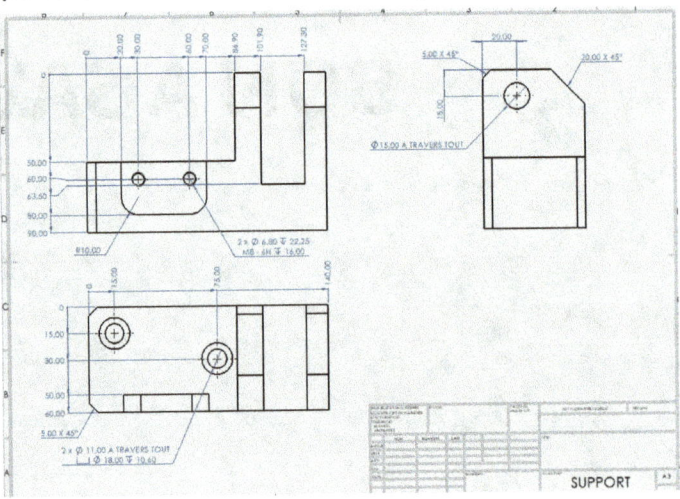

Ensuite, cliquez sur la **première** vue que vous avez insérée.

Dans le menu à gauche, vous avez la possibilité de faire les vues symétriques. Faites le test, ça fonctionne très bien.

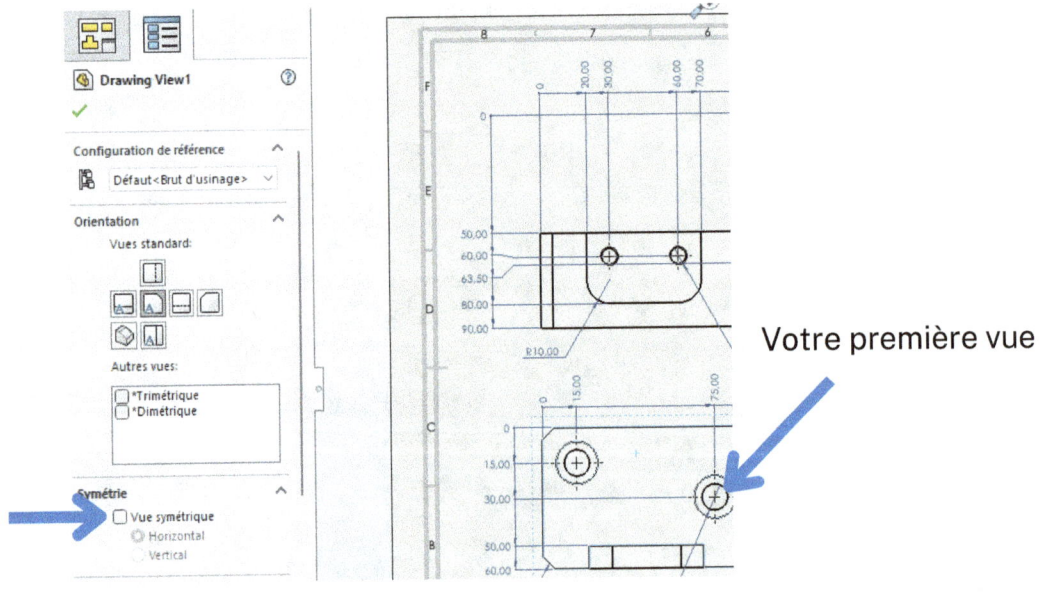

Votre première vue

2-La fonction de double symétrie pour les pièces

Vous avez la possibilité de faire une double symétrie dans un fichier pièce. Cela n'est pas une énorme amélioration, mais c'est pratique.

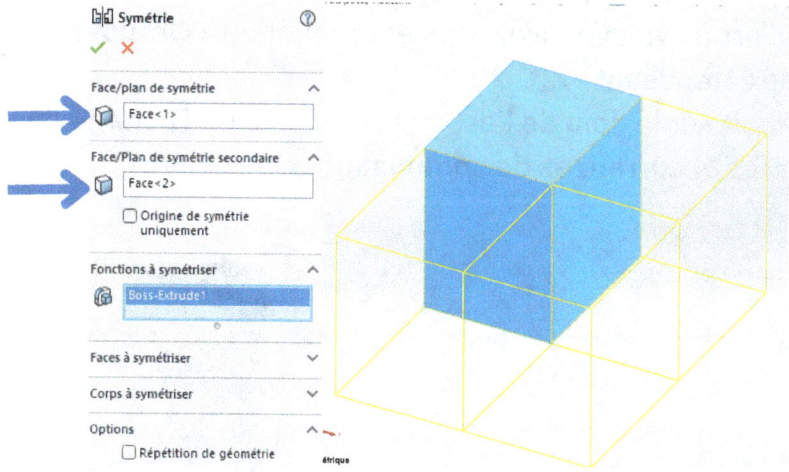

4-Alléger l'arbre de conception

Si vous avez plusieurs fois des pièces qui se répètent et que vous voulez regrouper ces pièces sans les mettre une à une dans un dossier pour simplifier votre arbre, vous pouvez utiliser la fonction « **Grouper les occurrences de composant** ».

Faites un clic droit sur le nom de l'assemblage, puis « **Affichage de l'arbre** », puis « **Grouper les occurrences de composants** ».

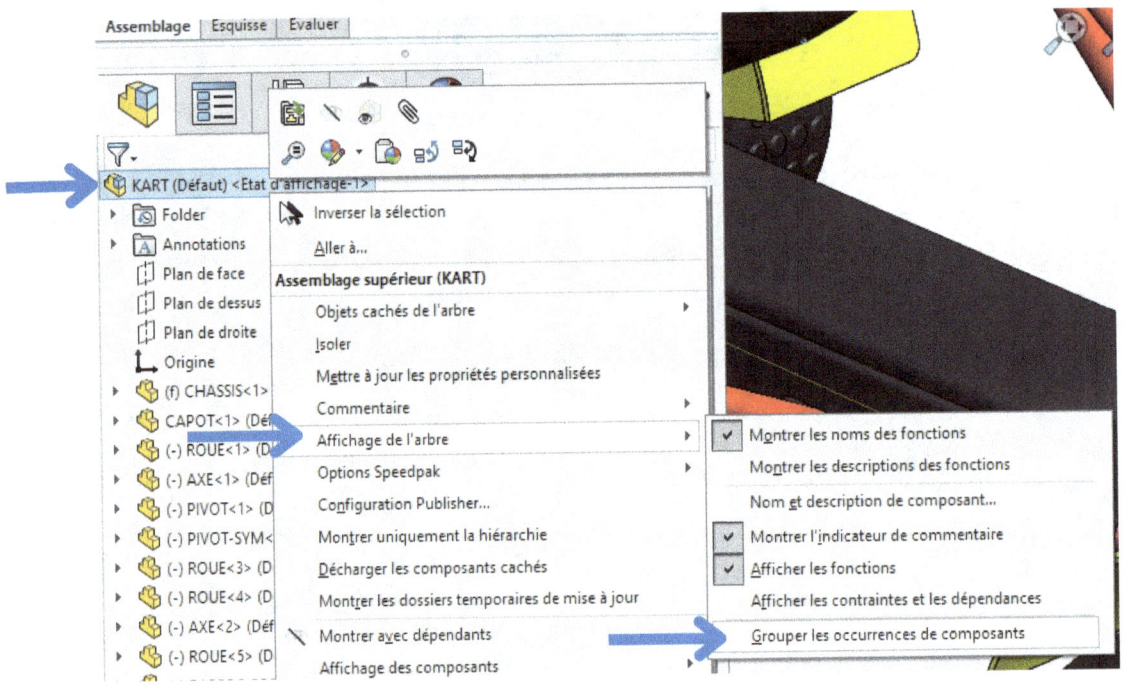

Toutes les pièces ou les assemblages identiques vont se regrouper et ainsi, cela va réduire le nombre de lignes dans votre arbre.

4-Classeur de conception

Si vous voulez lier des informations à un fichier pièce ou à un assemblage, vous pouvez utiliser le classeur de conception.

C'est un fichier Word qui est lié à votre fichier. Il doit se trouver en haut de votre arbre.

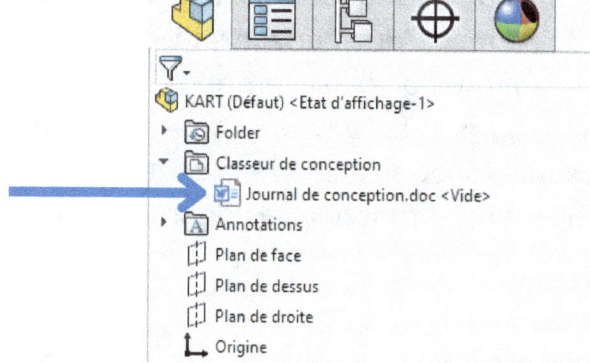

S'il n'est pas affiché, il faut aller le sélectionner dans les options du système et choisir « **Montrer** ».

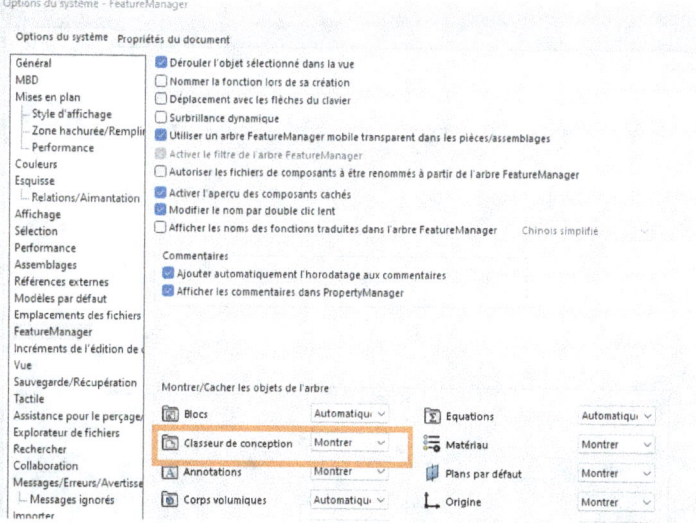

Vous pourrez ainsi ajouter des informations dans votre fichier Solidworks, comme par exemple la documentation d'une pièce du commerce.

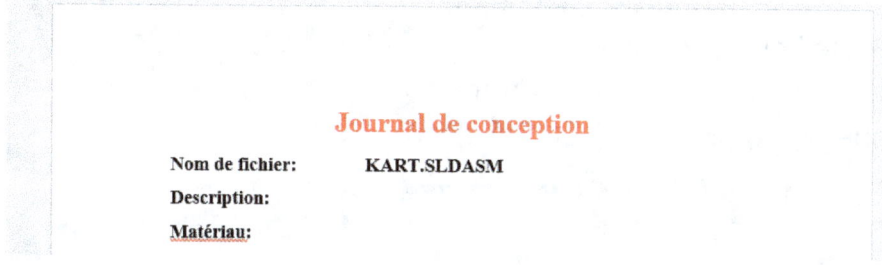

127

5- Le glissé de fonctions

Le glissé de fonction permet de copier une fonction d'une pièce à une autre.
Comment procéder :

- Ouvrez les 2 pièces et mettez la fenêtre de SolidWorks en affichage mosaïque horizontal. (Cliquez dans la barre supérieure sur l'onglet « **fenêtre** », puis « **mosaïque horizontale** »).
- Sélectionner la fonction dans l'arbre de création en maintenant le bouton gauche de la souris et la touche « **Ctrl** » appuyée.
- Faites glisser la fonction sur la face de la deuxième pièce où vous voulez placer la fonction. La fonction va apparaître en jaune sur la pièce.

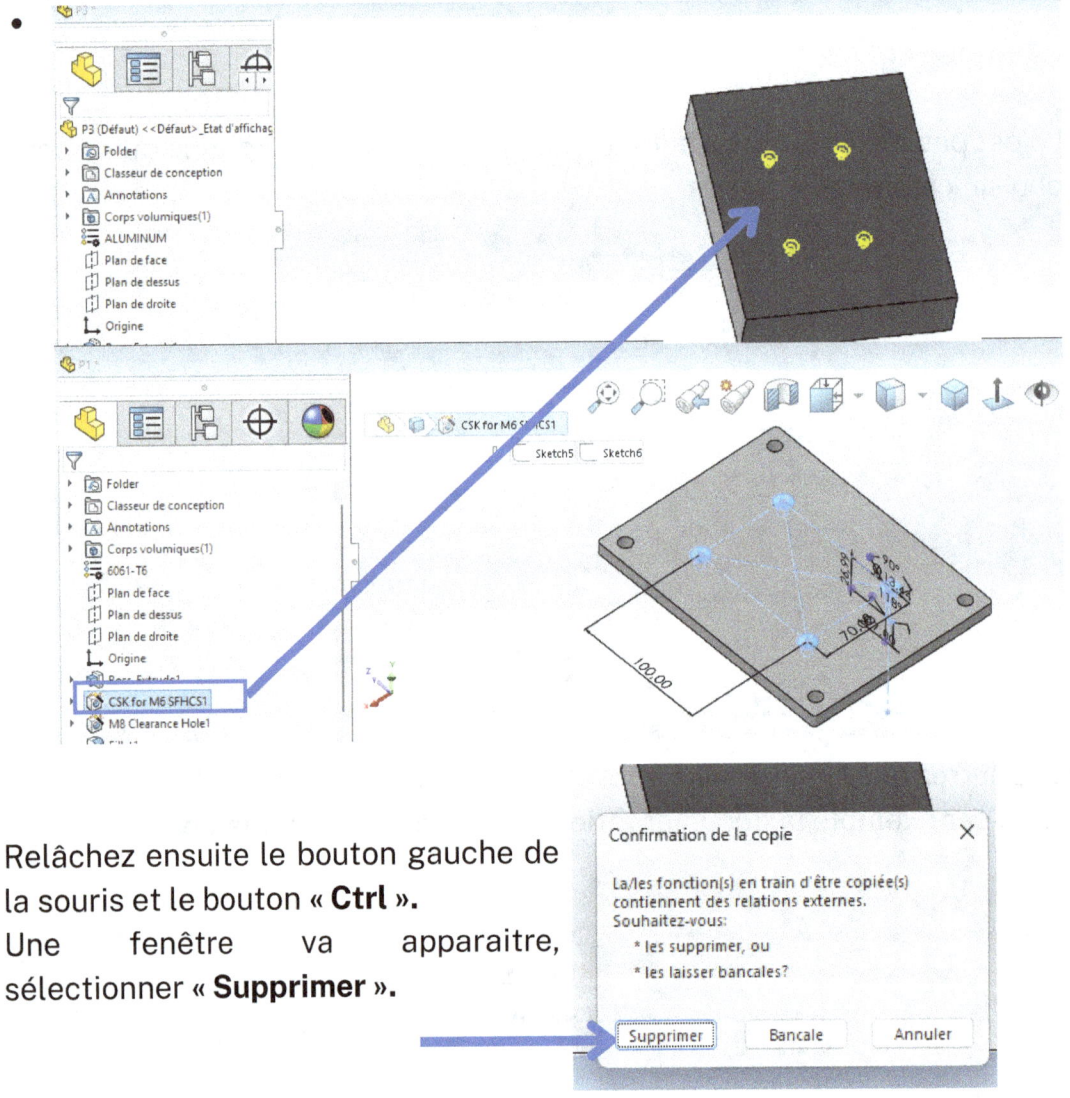

Relâchez ensuite le bouton gauche de la souris et le bouton « **Ctrl** ».
Une fenêtre va apparaitre, sélectionner « **Supprimer** ».

La fonction sera ainsi placée sur la face de votre pièce. Les cotes qui étaient liées à la pièce de départ seront supprimées. Vous aurez à rajouter les cotes de placement par rapport à votre nouvelle pièce.

Le glissé de fonction peut être utilisé avec toutes les fonctions comme les enlèvements de matière, les bossages, etc.

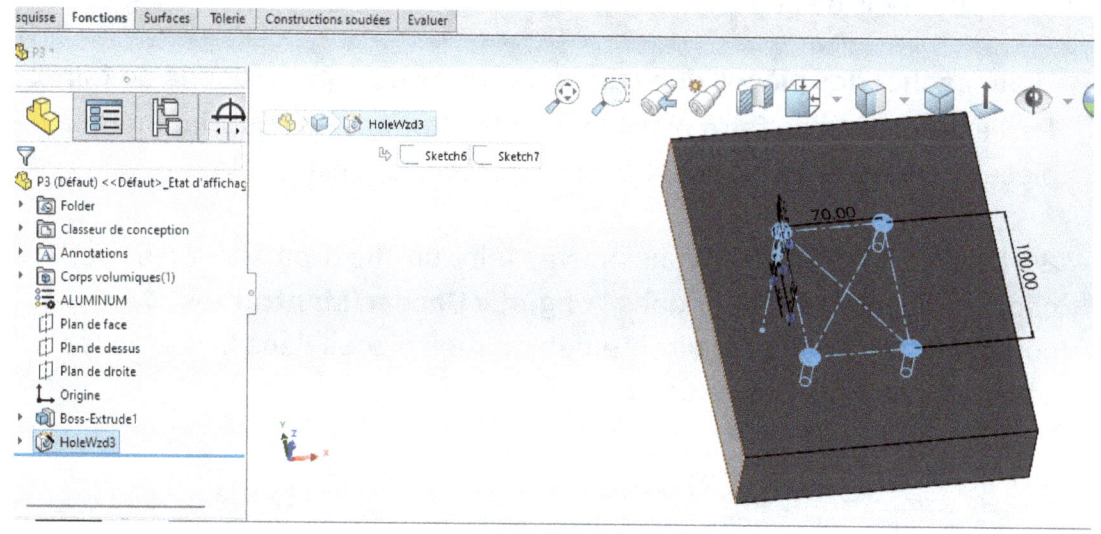

7-Les états d'affichage

Quand on réalise la mise en plan d'un assemblage, nous avons généralement besoin d'une nomenclature et de plusieurs vues de l'assemblage.
Cela peut être des vues avec des coupes ou des vues avec des pièces cachées pour plus de clarté.

 Pour cacher des pièces dans une mise en plan, il y a 3 façons de faire.

1 > Il est possible de faire plusieurs configurations en supprimant des pièces pour qu'elles n'apparaissent pas dans la mise au plan.

2 > Dans la mise en plan, vous pouvez faire un clic droit sur votre vue, choisir « **Propriété** », aller dans l'onglet « **Cacher/Montrer les composants** » et cliquez directement sur les pièces dans la vue ou les sélectionner dans l'arbre de création.

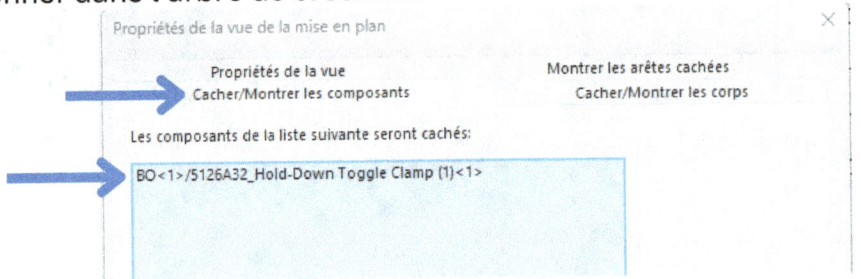

3 > Faire des « **États d'affichage** » dans votre assemblage.
Les états d'affichage vous permettent de cacher ou de changer l'apparence des pièces dans un fichier pièce ou dans un fichier assemblage.

Je vous déconseille la première méthode.
En faisant plusieurs configurations, vous ne pourrez pas avoir une nomenclature correcte, car des pièces seront manquantes suivant la configuration.
La deuxième méthode fonctionne, mais c'est très fastidieux si vous voulez cacher beaucoup de pièces.
La meilleure méthode est de faire des « **États d'affichage** ».

Pour créer un nouvel état d'affichage, cliquez sur l'onglet « **Configurations**». Faire un clic droit sur « **États d'affichage** » et cliquez sur «**Ajouter un état d'affichage** ».

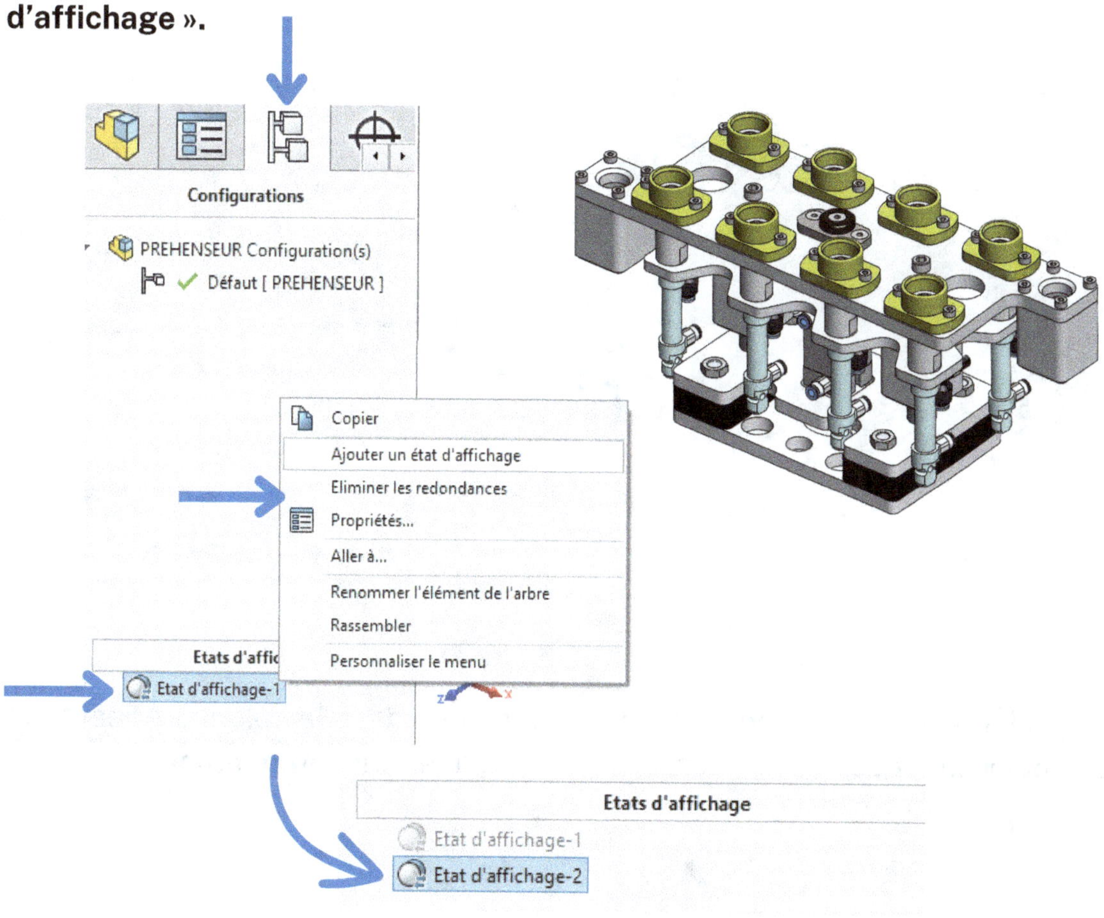

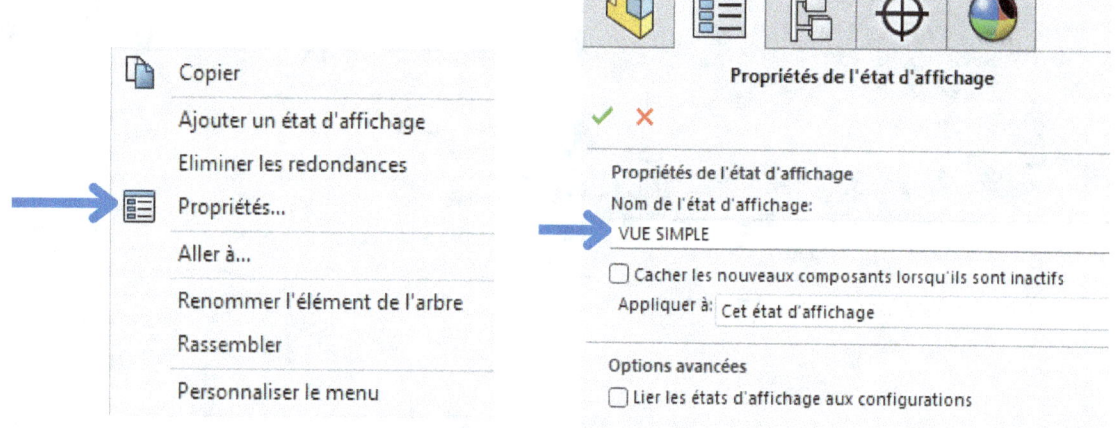

Vous pouvez ensuite faire un clic droit et cliquer sur « **Propriété** » pour le renommer.

Faites ensuite apparaitre le volet pour gérer l'apparence des assemblages ou des pièces en cliquant sur la flèche en haut à droite.

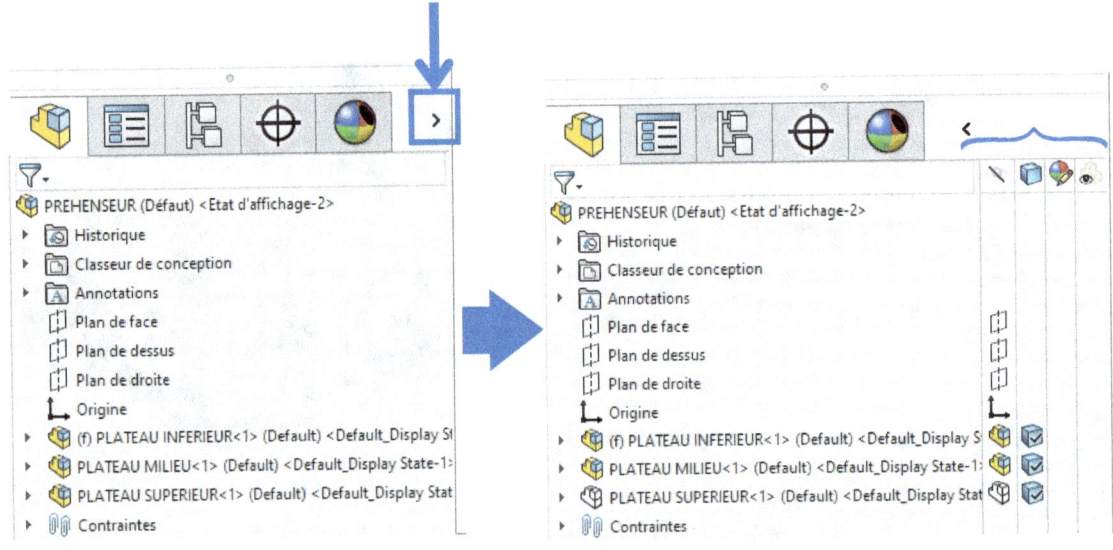

Pour changer l'apparence, faites un clic gauche dans la colonne Apparence du composant que vous voulez changer et cliquez sur « **Apparence** ».

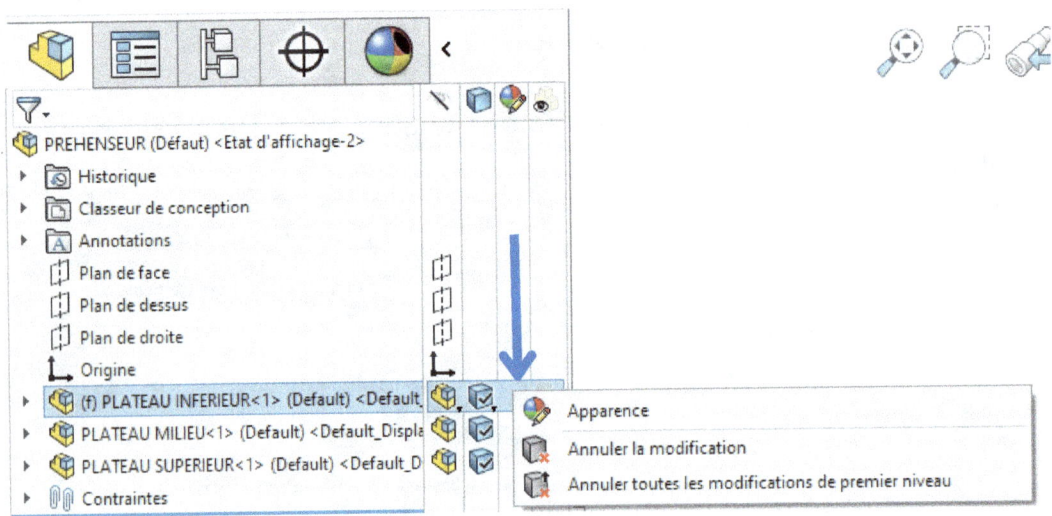

Cliquez sur le menu « **Avancé** », vous aurez ainsi plus d'options de modification comme le réglage de transparence dans l'onglet « **Illumination** » ou le changement de couleur dans l'onglet « **Couleur/Image** ».

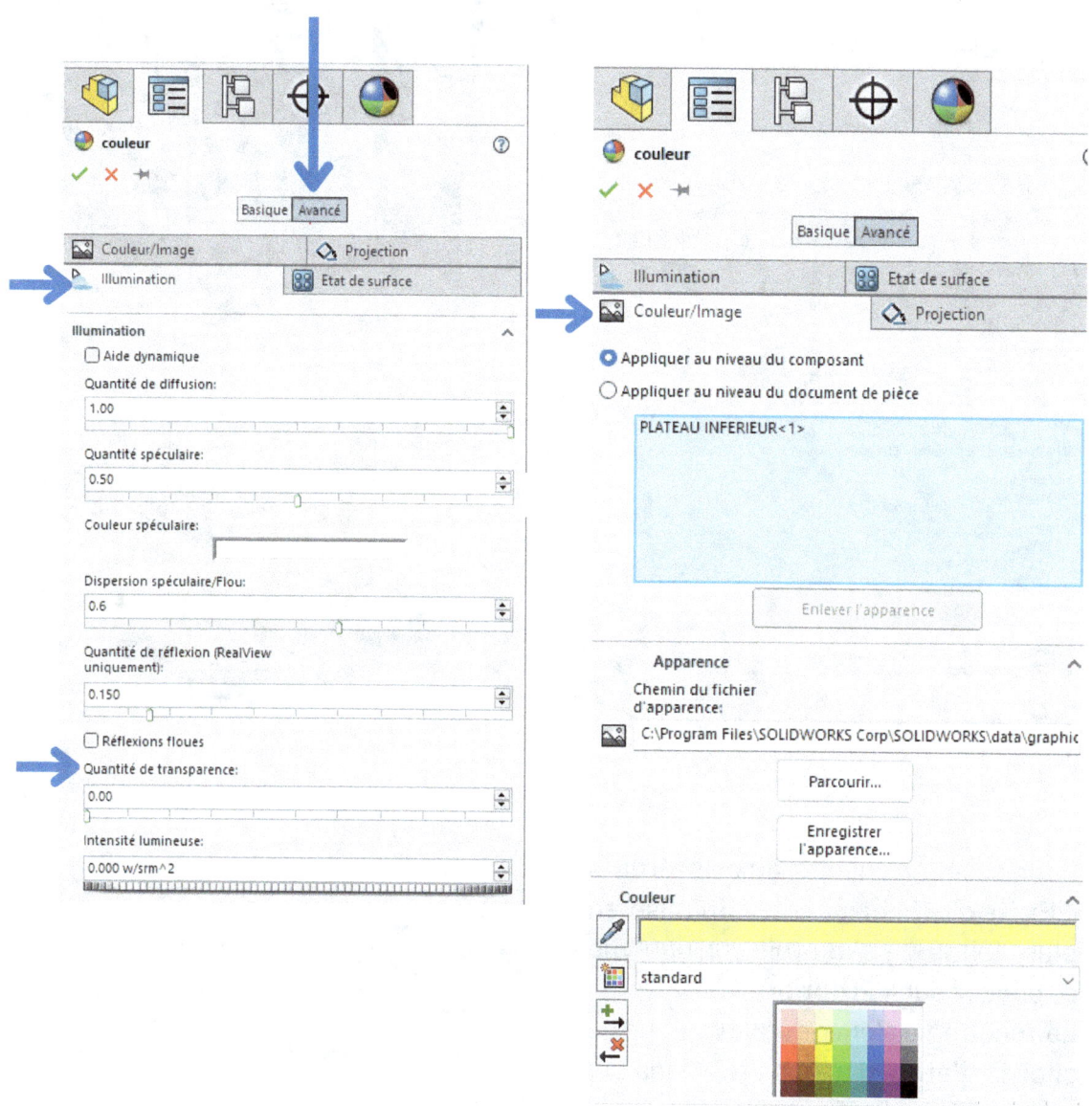

Vous pouvez ainsi facilement cacher un composant, le rendre transparent ou le changer de couleur.

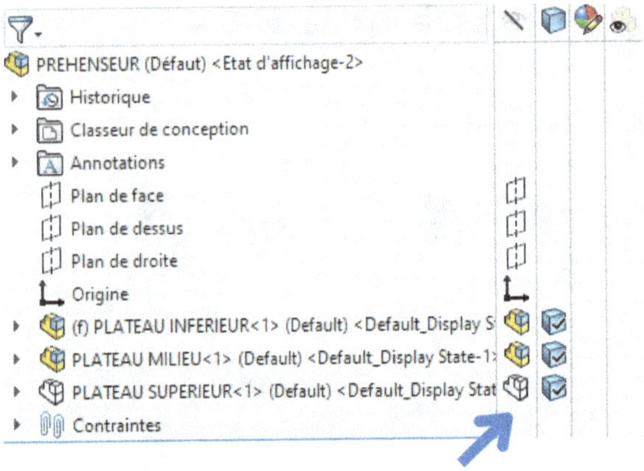

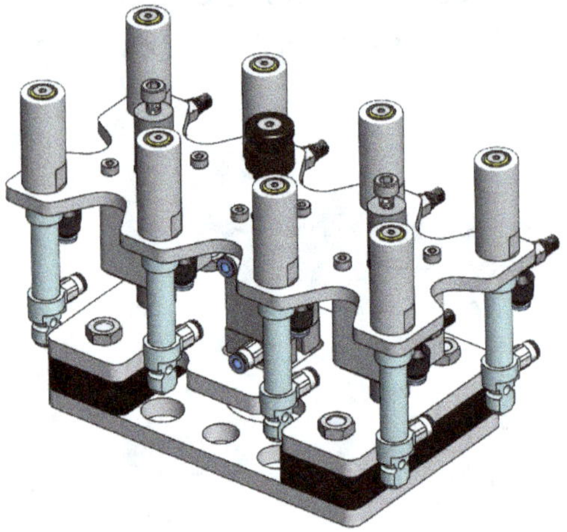

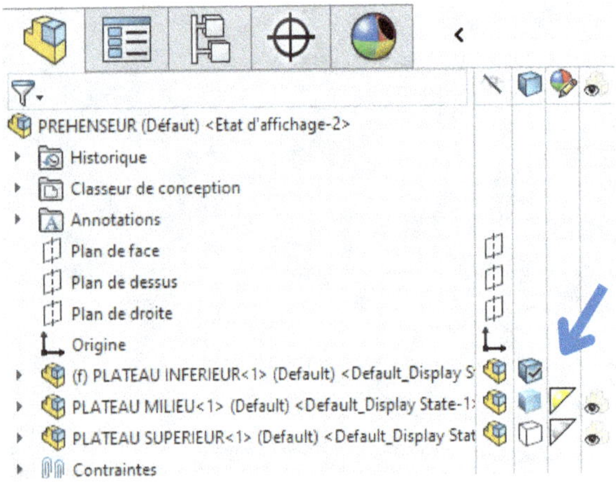

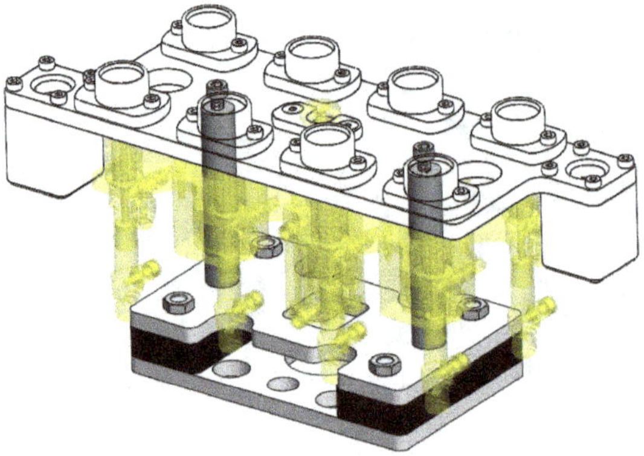

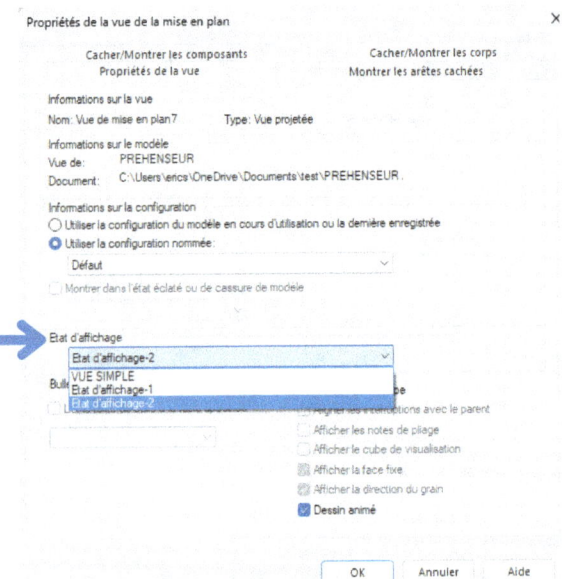

Pour accéder ensuite aux différents « **États d'affichage** »dans la mise en plan, faites un clic droit sur une vue et cliquez sur « **Propriété** ».

La fenêtre va s'ouvrir et vous pourrez choisir l'état d'affichage dans le menu « **États d'affichage** ».

8-Option de nomenclature pour un assemblage

Quand vous faites la nomenclature d'un assemblage, « **Insertion** » > « **Tables** » > « **Nomenclatures** », vous pouvez afficher uniquement le premier niveau uniquement, les pièces uniquement ou la liste en tabulation.

Mais vous avez la possibilité de gérer l'affichage de chaque assemblage indépendamment du type de nomenclature que vous avez choisi.

C'est-à-dire que, même si vous avez choisi d'afficher uniquement le premier niveau, vous pouvez faire afficher un assemblage de façon décomposée.

Ou que si vous avez choisi d'afficher toutes les pièces, vous pouvez quand même afficher des assemblages.

Pour cela, vous devez aller dans le menu « **Configurations** » de votre assemblage, cliquer sur « **Propriété** » et vous aurez accès aux paramètres d'affichage de votre assemblage.

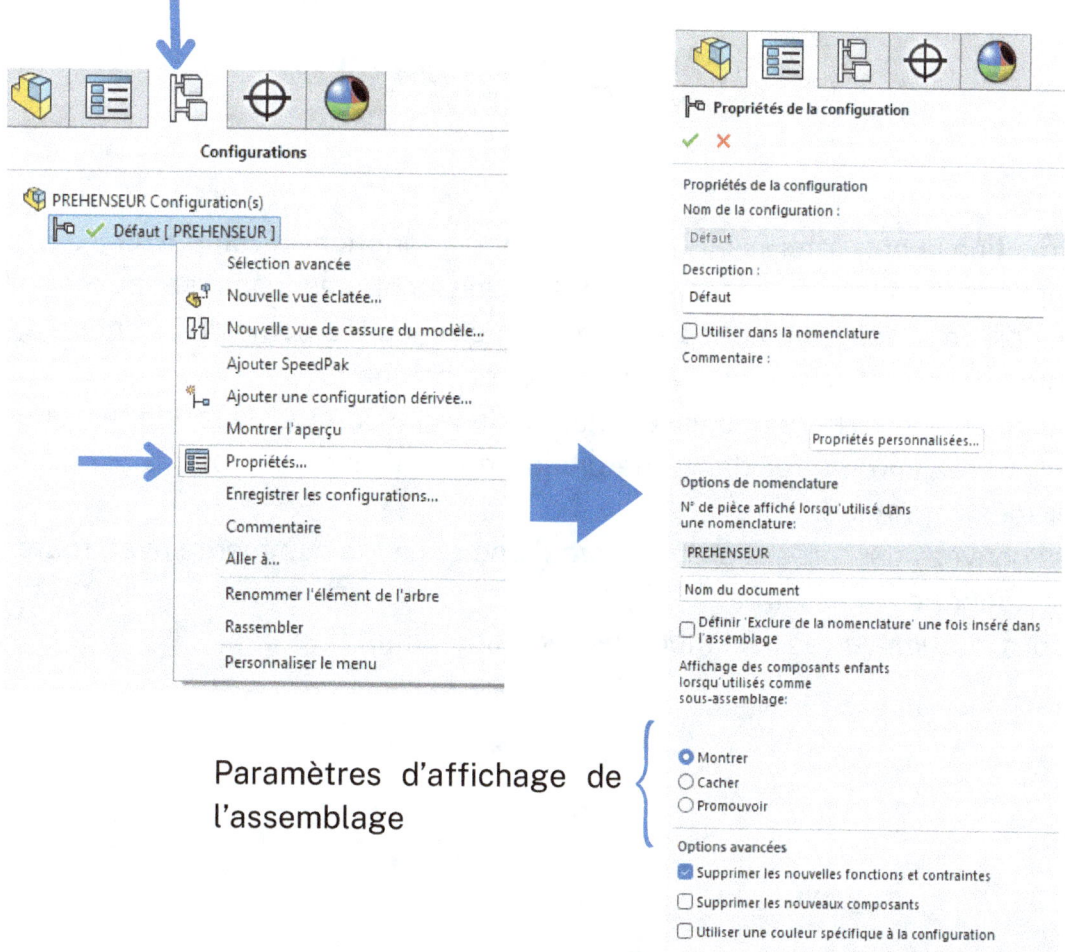

▶ **Montrer**

C'est l'affichage normal de l'assemblage.

▶ **Cacher**

L'assemblage sera toujours affiché dans la nomenclature comme un assemblage, même si vous choisissez de n'afficher que les pièces.

▶ **Promouvoir**

L'assemblage ne sera jamais affiché dans la nomenclature comme un assemblage, même si vous choisissez de n'afficher que le premier niveau.

L'intêret de faire cela ?

La fonction la plus intéressante pour moi est la fonction « **Promouvoir** ». Cela vous permet de créer des petits assemblages sans se poser la question de savoir comment gérer les numéros ou les noms d'assemblage, notamment pour la création d'assemblage de boulonnerie.

Vous pouvez ainsi faire des assemblages de vis, d'écrous, de rondelles, que vous pouvez enregistrer dans une bibliothèque et que vous pouvez utiliser pour tous vos projets.

Vous pouvez aussi créer l'assemblage d'une pièce de commerce avec toute la boulonnerie nécessaire.

La construction de vos assemblages sera ainsi simplifiée.

9-Créer une bibliothèque de pièces basiques

Toujours dans l'idée de se simplifier la conception de pièces, vous pouvez créer une bibliothèque de pièces de base extrêmement facile d'utilisation. Pour moi, une pièce basique va être par exemple une plaque avec 4 ou 8 perçages, une pièce cylindrique épaulée avec un ou plusieurs perçages, une tôle pliée avec des perçages, etc.

En définitive, ce sont des pièces avec les 3 ou 4 premières fonctions que vous utilisez généralement quand vous créez une nouvelle pièce.

Le but est bien sûr d'utiliser au maximum les mêmes bases de pièces pour gagner du temps de dessin et accessoirement de mise en plan.

On pourrait créer plusieurs modèles SolidWorks de pièces, mais ce n'est pas la meilleure solution, car cela va vite devenir très chargé et ce n'est pas très pratique.

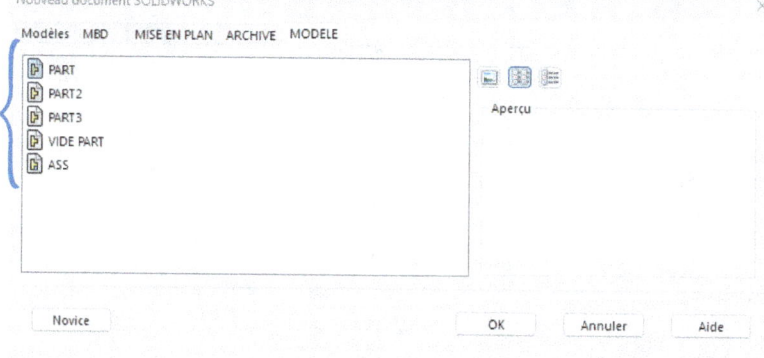

La meilleure solution est d'avoir une bibliothèque dans le menu à droite.

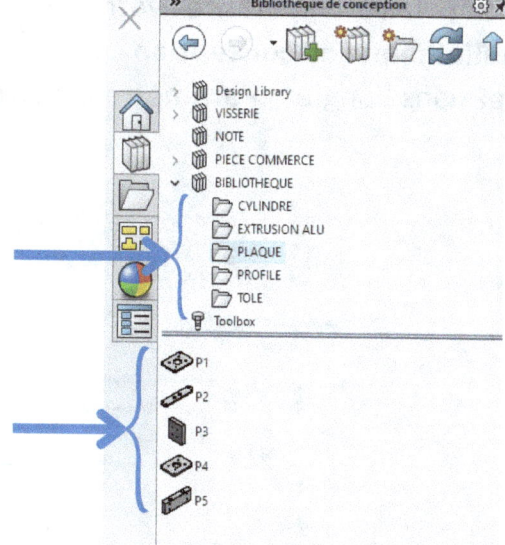

Vous pourrez avoir ainsi les différents types de pièces et les différents modèles avec un aperçu visuel pour choisir plus facilement.

137

Comment faire?

 Etape 1:

Il faut créer un dossier sur votre disque dur, à l'endroit qui vous arrange, et vous l'appelez « **BIBLIOTHEQUE** », par exemple.
Ensuite, vous pouvez créer d'autres dossiers sous ce dossier que vous pouvez appeler « **PLAQUE** », « **CYLINDRE** », « **EQUERRE** », etc.

 Etape 2:

Il faut faire apparaitre votre dossier **«BIBLIOTHEQUE»** dans le volet **«Bibliothèque de conception»**.
Allez dans l'onglet **«Paramètre»**, puis cliquez sur **«Option»**.

Cliquez sur « **Option du système** » et sur « **Emplacement des fichiers** ».
Sélectionnez ensuite « **Bibliothèque de conception** ».

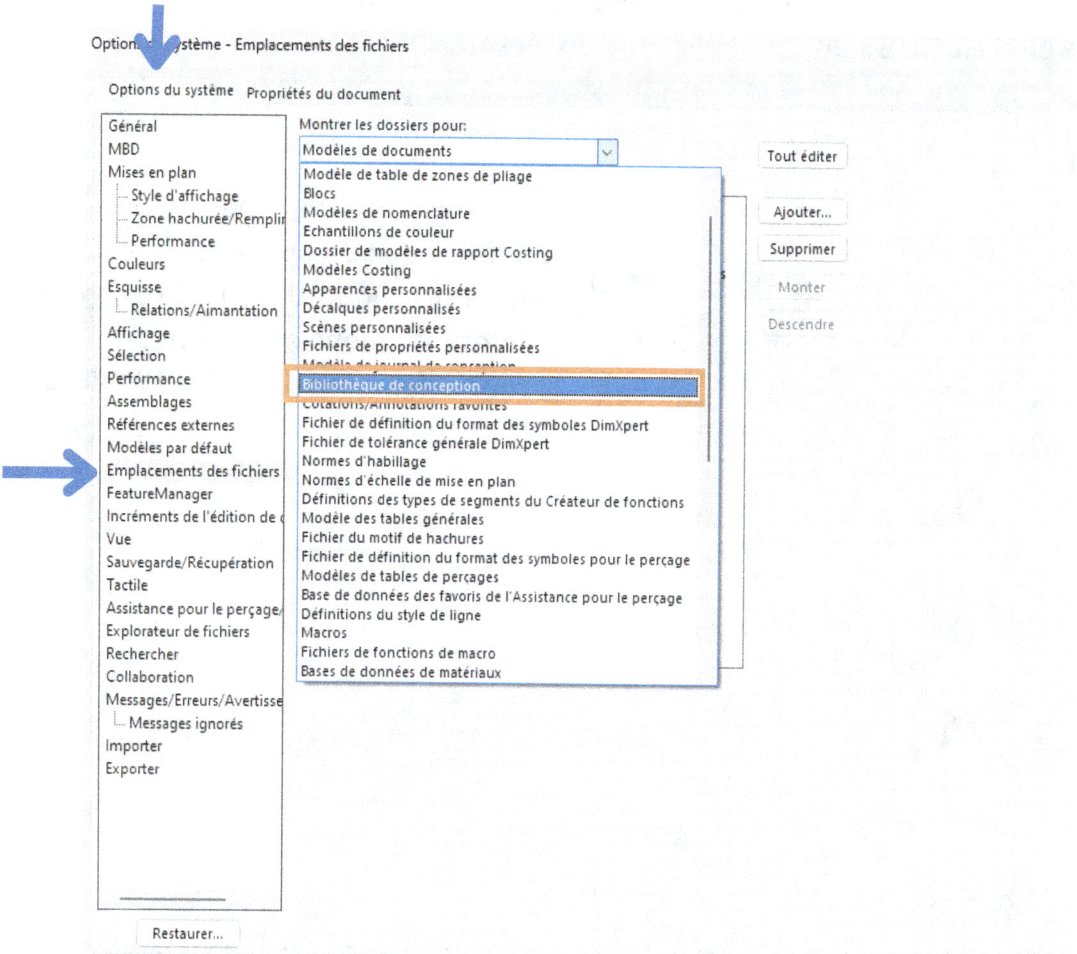

En cliquant sur «**Ajouter**», vous pouvez aller sélectionner votre dossier «**BIBLIOTHEQUE**» et il va se rajouter à la liste des dossiers accessibles depuis la « **Bibliothèque de conception** ».
Cliquez ensuite sur **OK** pour fermer la fenêtre.

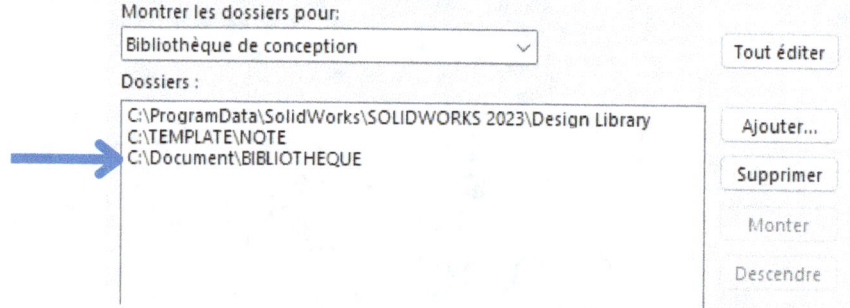

Etape 3:

Cliquez sur l'onglet « **Bibliothèque de conception** » et votre dossier « **BIBLIOTHEQUE** » apparaît avec les différents sous-dossiers.

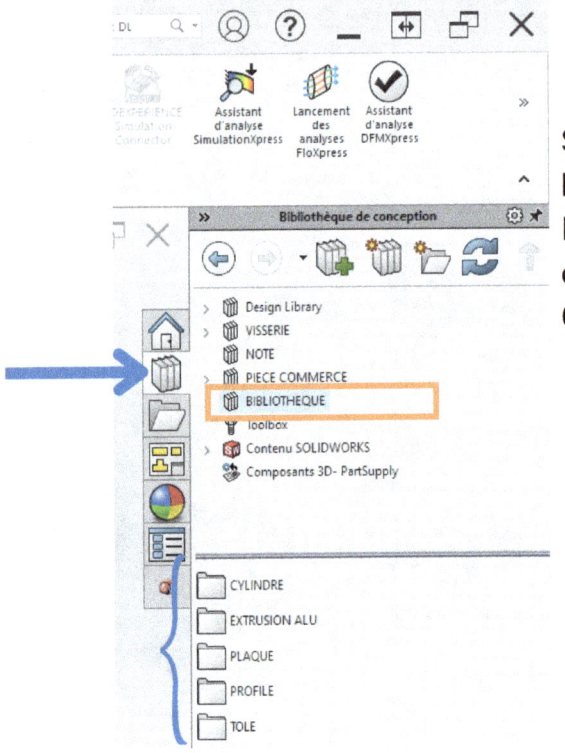

Si vous n'avez pas l'onglet « **Bibliothèque de conception** »,
Faites un clic droit dans la barre des onglets, ce menu apparaitra.
Cocher «**Ressources SOLIDWORKS**»

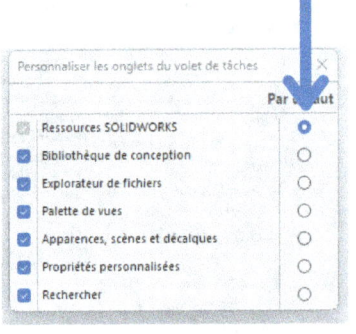

Etape 4:

Dessinez vos premières plaques et enregistrez-les dans vos dossiers.

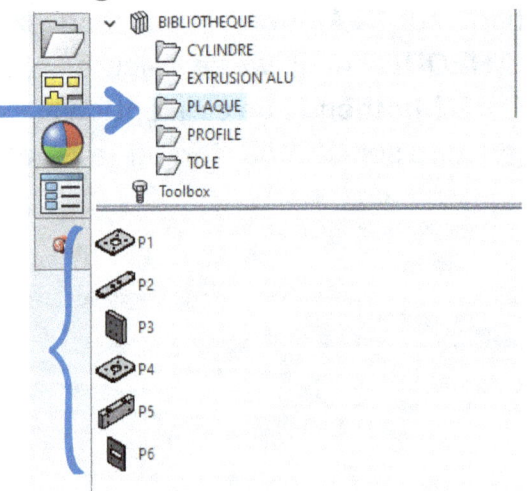

Vous pouvez à présent intégrer facilement les différents modèles de plaque dans vos assemblages en faisant un clic gauche sur la plaque dans la liste et en la faisant glisser dans la fenêtre principale tout en maintenant appuyé le bouton gauche.

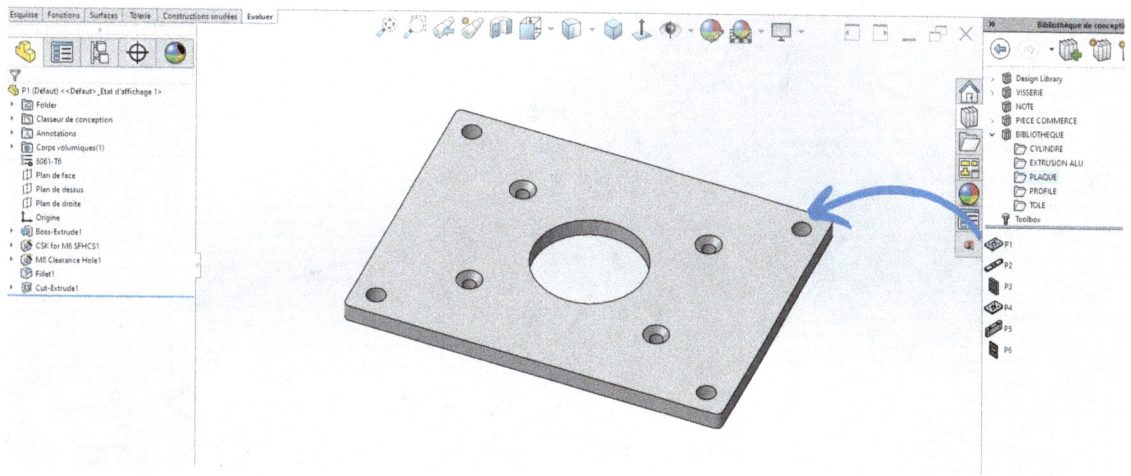

Une petite astuce pour enregistrer facilement les pièces dans votre bibliothèque.

Quand vous êtes dans un fichier pièce, vous pouvez faire glisser directement votre pièce dans la **«BIBLIOTHEQUE»** en sélectionnant le nom dans l'arbre avec un clic gauche, et en maintenant le bouton appuyé, faites la glisser jusqu'à votre dossier de pièces.

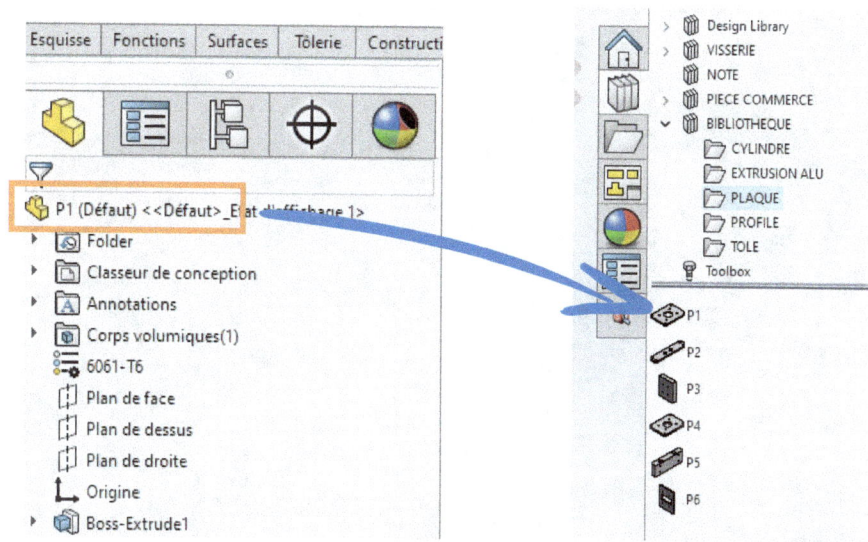

Un menu va s'ouvrir et vous proposera d'enregistrer votre pièce dans un des différents dossiers.

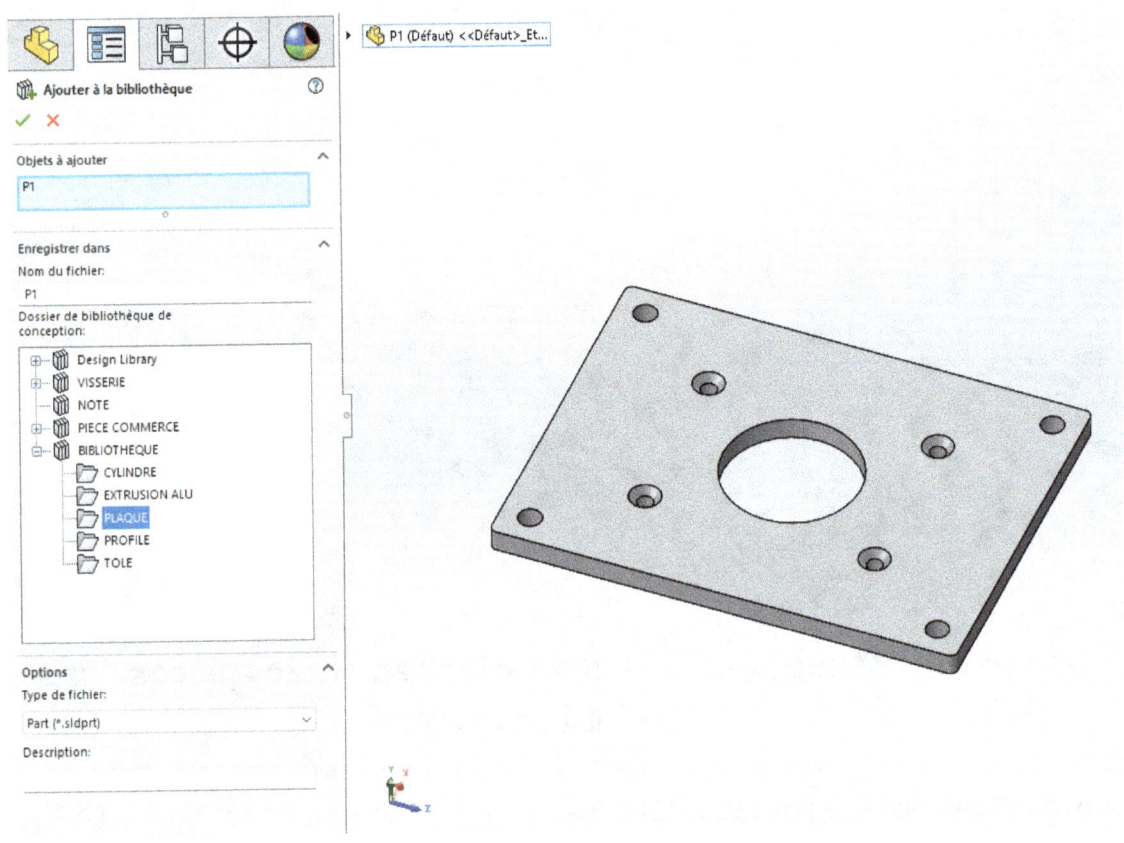

www.ingramcontent.com/pod-product-compliance
Lightning Source LLC
Chambersburg PA
CBHW082333220526
45470CB00008B/2491